Improve your sex life through
Self-Hypnosis

HMI
科学催眠丛书

催眠赋能 II
轻松改善你的性生活

〔美〕约翰·卡帕斯 ● 著
孔德方 王松 秦大忠 ● 译

U0657739

北京科学技术出版社

Published by Panorama Publishing Company

Translation Copyright ⓒ2023 by Beijing Science and Technology Publishing Co.,Ltd.

著作权合同登记号　图字：01-2021-4235

图书在版编目（CIP）数据

催眠赋能 . Ⅱ , 轻松改善你的性生活 /（美）约翰·
卡帕斯著；孔德方，王松，秦大忠译 . — 北京：北京
科学技术出版社 , 2023.1

书名原文：Improve your sex life through self-
Hypnosis

ISBN 978-7-5714-2390-2

Ⅰ . ①催… Ⅱ . ①约… ②孔… ③王… ④秦… Ⅲ .
①催眠术 Ⅳ . ① B841.4

中国版本图书馆 CIP 数据核字（2022）第 107810 号

策划编辑：王跃平
责任编辑：苑博洋
责任校对：贾　荣
封面设计：何　瑛
责任印制：张　良
出 版 人：曾庆宇
出版发行：北京科学技术出版社
社　　址：北京西直门南大街 16 号
邮政编码：100035
电　　话：0086-10-66135495（总编室）
　　　　　0086-10-66113227（发行部）
网　　址：www.bkydw.cn
印　　刷：北京盛通印刷股份有限公司
开　　本：710 mm × 1000 mm　1/16
字　　数：136 千字
印　　张：11.5
版　　次：2023 年 1 月第 1 版
印　　次：2023 年 1 月第 1 次印刷
ISBN　978-7-5714-2390-2
定　　价：75.00 元

编委会名单

前　言

　　自亚当与夏娃相遇以来，性就成为人类最有愉悦感的体验之一。这是我们与爱人之间最亲密的分享方式，它既是一种繁殖途径，又是一种娱乐消遣，更是一种令人愉悦的乐趣。但是，多数人都会有在性爱方面出现一些问题的时候，有的时候我们无法从繁忙的工作里解脱出来，而另一些时候，某些压力则更为微妙——潜意识的记忆在我们头脑里慢慢地被创建起来，直到它们支配了我们的两性关系，而我们对它们则丝毫没有察觉。

　　本书将教给你获得美妙性爱的秘诀，它可以解释你的性特征（sexuality）、你被异性吸引的原因，以及你为什么会偶尔在这种愉悦的体验上遇到问题。

　　本书首先说明了出现性问题可能并不是你自己的错，紧接着解释了自我催眠的技术。通过这个联结你的意识和潜意识的工具，你将学会如何集中你的思想来终止你的过去的影响力量、掌控你现在的快感，并消除或者避免某些担忧，比如男人过早达到高潮和女人无法达到高潮。你将学会如何提高你的性体验的强度，获得比你以往所能想到的更完整的体验。你也会对你自己和你的过去有更深入的了解，因为它们可能一直在影响着你和爱人的性关系。

对于那些在性生活方面完全没有困扰的人来说，本书将告诉你如何提高你在性生活中的愉悦感；如何通过自我催眠来创造一个更好的，甚至是更完美的性体验。你还可以测试你的性特征，通过在测试中获得的信息来选择你最完美的伴侣，或者和你现在的爱人或配偶保持最好的关系。

本书中的信息来自笔者为成千上万对各行各业的夫妻提供两性咨询的经验，笔者帮助他们解决了各种各样的两性问题，或者只是简单地增加他们的性乐趣。我相信，当你阅读完这本书时，你也会学到他们所钟爱的改善性生活的方法——自我催眠，它也会改善你的性生活。

目　录

1
为什么自我催眠可以改善你的性生活

有人说，除了开怀大笑，性爱是两个人之间能达到的最愉悦的体验。性是一段不断增进的关系中的令人愉悦的、很自然的一部分。性行为不仅仅是繁衍的一种途径，更是和配偶或爱人共度浪漫时光的一种令人非常享受的方式，性爱对于人类生活来说非常重要，但是，有很多人在他们的性爱关系中遇到了问题，为什么呢？为什么有些人在享受性爱的时候总觉得缺少点什么呢？

本书的目的是帮助你从性的角度理解你自己，并学会改善你和伴侣间的性关系。这本书将会向你展示许多影响两性关系的潜意识因素，以及那些可以帮助你解决性爱问题的方法。如果你的性生活已经非常舒适，但是你觉得它还有可以提升的空间的话，本书也将向你展示让你的性生活变得更加愉悦的方法。

性爱的四个阶段

性行为并不像很多人认为的那样只是一种躯体上的活动，它是心智、身体、情绪和之前的条件设定综合作用的结果。

性爱的第一个阶段是发生在大脑中的。性行为的发生必须有性欲的驱动，而性欲则往往来自性幻想。在任何一段关系中，如认识时间很短的情人，或约会了好几个月后还未发生性关系的两个人，抑或是等待着洞房花烛夜到来的一对新人，无论性爱何时发生，它永远都是从性幻想开始的。

"第一次看到珍妮的时候，我就立刻注意到她丰满的胸部和紧致的蛮腰，那时我满脑子都是我爱抚她的景象和感觉。"拜伦说，他谈论着他对那位最终成了他的恋人的女人的性幻想，"在我们上床之前，我们有过几次约会，不过每次约会时我都会想象我们今后的性生活。当我们最终成为恋人时，我迫不及待地爱抚她，感受她是否是我想象中的那种感觉。"

"我有一张大水床，"琳达说，"它几乎占满了我公寓的卧室。当我想着跟一个男生真心地去开展一段关系时，我总会想象着，他如果赤裸着身子躺在那张水床上是什么样子，他的身体和水一起翻动……"

世界上有多少个人，就有多少种性幻想。一个女人可能会幻想，在一个她一直渴望的乡村小屋里，她的恋人看起来是什么样子的。她想象着他站在门口和孩子们一起玩耍，并决定自己是不是要对他感兴趣。另一个女人则可能会幻想她生活在中世纪，被一位骑着高头大马的男人扛走。无论是男性还是女性，都会有诸如此类的性幻想。

有时候性幻想只是期待性行为的来临。例如，一对情侣从夜总会开车回他们的公寓，其中这个男人可能会想他要怎么准备一些红酒，还要准备一些吃的东西，然后他们会聊天、听音乐，渐渐地进入卧室。无论每个人的性幻想是怎样的，它总是性爱前必不可少的准备。

性爱的第二个阶段是身体接触，包括对对方身体的抚摸、亲吻，也许还有互相脱下对方的衣服。体温升高，而性部位的敏感度会急速增加，就这样持续下去，直到你有强烈的专注力进入性爱的第三个阶段：性交（intercourse）和性高潮（orgasm）。

最后是性爱的第四个阶段，我称之为幻想前（pre-fantasy）阶段。你和你的爱人精疲力竭，性兴奋已经结束了。或许你们会分开，其中一人离开床，或者睡去；或许你们会继续交谈和爱抚对方一会儿。不管如何，如果想要再次进行性行为，就必须回到性幻想阶段，以此来为第二次性高潮做准备。

为什么性爱会出现问题

在性爱前三个阶段中，任何一个阶段都有可能出现问题。问题也可以只出现在特定的关系中，而不是其他的关系中，这都是因为之前的条件设定。

我们拿哈勃来举个例子。哈勃是一位股票经理人，他和他的妻子贝芙莉的关系出现了问题。

> 我的父母来自那种有非常严格的、古怪的宗教信仰的家庭，他们认为做爱仅仅是为了生孩子，而且你永远别想在享受性爱的过程中免于负罪感的困扰。我总是被告知：婚前性行为都是错的；为了愉悦而去做爱，即使在结了婚的情况下也是错误的；性爱仅仅是为了生殖繁衍，除此之外别无用处；即使仅仅是在脑海里想象性爱，也是肮脏的。
>
> 我记得有一次我和我的一个朋友在放学回家的路上，在一些房子后面的垃圾堆里翻到了一本很破旧的《花花公子》杂志，我把那本杂志带回了家。我看那本杂志的时候被我的母亲发现

了，她差点要杀了我，骂我罪孽深重、思想肮脏。后来她又去了教堂，把这件事情告诉了牧师，希望牧师可以为我的灵魂祈祷。

后来，我上了大学，并开始约会。刚开始我有点压抑，因为我总是对被唤起性欲这件事抱有负罪感。最后我和几个哥们儿交流了一下，他们承认当在姑娘们身边时也会有相同的感受。于是我决定不再按照我父母的那种方式生活，不管发生什么，都让它发生吧。就在那时，我遇到了苏，并失去了我的童贞。

苏真的是一个非常好的女孩，她和我上同一堂英语课。我们一起在图书馆里学习，后来又去约会了几次。有一次，当我们把车停在向下可以俯瞰整个校园的山顶时，一件事接着另一件事就很自然地发生了。我感觉美妙极了，在此之前，我从来没有享受过这样的愉悦。而且，我意识到性爱是美好的，而不是肮脏的。

在苏之后，我也有过几个女朋友。我在性关系上并不是随便的，也从未去过单身酒吧。但是当我认真对待一个女孩时，性爱就变成了那段关系中很自然的一部分。

最后我遇到了贝芙莉，我知道她就是那个最适合我的人。在我30岁生日之前，我们结婚了，我的父母都很激动，他们知道贝芙莉能生孩子的时间只剩下几年了，他们很确定我们马上就会生一个孩子。

贝芙莉和我都是那种以事业为重的人，建立家庭是我们最后考虑的一件事情。我们都没有准备好去做一个父亲和母亲，而且我们都想先享受我们之间的关系。假如我们想要孩子但是因为年龄已经无法再生育时，我们还可以去领养一个孩子。

在婚后的前几个月里一切都好，但随后我就有了一些问题。

我欲望高涨，非常想和贝芙莉享鱼水之欢，然而，我在进入她时却不能保持勃起，甚至有时候在前戏中也难以保持勃起状态。我对自己感到厌恶，怀疑我的男子汉气概出了什么问题。我不敢告诉贝芙莉我的想法，并开始寻求避免性爱的方法。我更加频繁地加班，然后就可以声称自己精疲力竭了；或者我会故意和贝芙莉吵一架，然后这一晚上她就会很生气，就不会再想和我做爱了。

直到贝芙莉告诉我她想和我离婚，我才意识到这个问题的严重性。她猜测我们的性生活变得如此糟糕的原因是我在外面有了外遇。她太爱我了，不想让我在谎言中生活，如果我想要的是别人，她就会放我走。

直到那时，我才知道我真的是非常需要帮助，卡帕斯博士。

我爱贝芙莉，在我心中没有任何一个人或者事物的地位能比得上她。她就是我在这个世界上唯一想要的那个人。但是我现在觉得自己还是不行，我到底哪里出了问题？

事实上，哈勃的头脑一直在跟他对着干。在他的成长过程中，他的潜意识被植入了"性是肮脏的"这种编程。他对于不以生孩子为目的而去享受他和妻子的性关系产生了深深的负罪感。哈勃和贝芙莉所做的一切都是非常正常的，他们决定暂时把生活重心放在事业上是没有错的。即使他们选择永远不生孩子也是没什么错的。但是，哈勃在成长过程中被灌输的观念是如此根深蒂固，以至于当他遇到他生命中这个特别的女人时，他失去了性能力。他的潜意识正在惩罚他，因为他的行为在父母看来是"不听话的"。

哈勃的背景可能和你的背景相去甚远。但是，在我们每一个人的内心都有一段被遗忘已久的经历，它会影响我们未来多年的行为。这些经历对我们的影响，在性方面比在其他任何方面都更加明显，因为在性爱中，被羞辱的感觉和情感上的痛苦是最强烈的。由此导致的问题的呈现方式因人而异。有些男人可能会患上阳痿或者早泄；有些女人可能会觉得性爱非常痛苦或者她们似乎永远都不会达到性高潮；或者，男人和女人都可能发现自己无法从伴侣那里获得足够的性爱体验，因为他们的需求来自被压抑的感觉。

"我并不贱，卡帕斯博士。我不是一个妓女，我对男人有些明确的标准。"坎黛茜说，她是某个小制造厂的会计，"但是我就是不能停止和与我约会的男人们发生关系。我期待着他们把我带到床上，我是一个自愿配合的伴侣。有时候，如果我们一晚上只做一次爱，我就会感到非常糟糕。但是我不爱他们中的任何一个人，我甚至不确定我是否知道爱是什么东西。"

在坎黛茜的家庭中，她父亲认为表达情感是一种懦弱的表现。

我从未记得我父亲曾经把我抱起放在他的大腿上，或者当我们一起去某地时，他用双手抱着我去。我记得当我第一次学骑自行车的时候，为了保持平衡，我不停地摔倒然后站起来。我从来没有哭过或者抱怨过，摔倒是学习的一部分，我接受了这一点，除非我父亲在旁边。当我父亲在场时，如果我摔倒了，我就会故意地大哭出来，希望他抱起我，然后吻我的眼泪，但是他从未这样做过。

我努力在学校取得好成绩，因为我的父亲告诉我在学校里得到高分非常重要。我也做到了，并骄傲地向他展示我的成绩单。有极少的几次，我所有的科目都得到了高分。但是那时我的父亲仅仅告诉我，他希望我能保持住。如果我有一门的成绩开始下滑，他就会严厉地责骂我，而对其他科目的良好分数绝口不提。我似乎永远不能赢得他的认同。

这个模式是非常典型的。坎黛茜极度渴望得到她父亲的认可，却又永远得不到。在她的潜意识里，她认为自己一无是处。当她外出去约会时，她愿意提供男人想要的一切东西，因为这是一种获得男人认可的途径。频繁的性爱让她感到自己是一个足够好的人，最终她发展出一种被其他人视为贪得无厌的性欲，这使她无法和任何一个男人维持深度的亲密关系。但是事实上，她所需要的并不是性爱，而是她父亲的喜爱，这才是深埋在她潜意识里的真相。

男人的性问题也会有与此相同的模式。他们对自己男子气概的不自信可能会导致婚姻关系中的无休止的征服欲或极端的性行为。这样的男人可能会渴望每天做爱好多次，而这个数量是过多的，这会给他的关系带来过大的压力。

为什么自我催眠可以矫正性问题

自我催眠是一种最自然的心理状态。它是人类心智的一个基本工具，人类自从第一次在地球上行走时起就开始使用它了。它是一种集中注意力的方法，使我们能够实现某些期望的结果，包括消除一些过去的经历对我们的生活产生的负面影响。

举个例子，你有没有过在大脑想着问题的同时离开办公室的经历？有一个非常重要的会议已经安排好，你必须考虑自己在这个会议里面的角色。当你开车行驶在那条你每天都要走、已经走了好几个月的高速公路上的时候，你的头脑一直在思考这个问题。突然一辆大卡车插到了你的前面，你被迫踩刹车同时检查你周围的车辆的情况，以备你根据需要做出避险动作。过了一会儿，你变换了车道，平稳地加速，汇入车流之中。你的车后有一辆车加速跟了上来，你轻踩刹车，迫使你身后那辆车减速，与你保持安全距离。在你做着这些重要的驾驶决定的时候，你的大脑仍然在专注地思考着你工作上的那个问题。

随着时间的流逝，你突然意识到这段高速公路变得很陌生，原来是你错过了正确的高速出口，可能你已经多走出好几里路了。你的心思一直被那个工作上的问题占据着，但是你的驾驶完美无瑕，你从没有给周边的任何人制造安全威胁。这种集中注意力于一件事，以致你错过了高速出口，但却没有让你的车失控的状态就是自我催眠的一种形式。

有时候，一个极端的自我催眠的例子会变成一则新闻：一位母亲听到一声巨响和尖叫声，她十几岁的儿子在修理汽车时，千斤顶滑倒了，而她的儿子被压在了车下面。她冲到了汽车前，然后用力抬起了车的一端，让她的儿子有机会爬了出来。这位穿着衣服体重才大约有 45 千克的女人，抬起了比她体重重得多的汽车，这太不可思议了。道理是一样的，她当时处于自我催眠状态，这使她能够集中她身体的所有力量（是我们平时使用的力量的 6~9 倍）去完成这个必须完成的任务——救她的孩子。

再举一个例子：当你和你亲近的人刚刚结束了一场争吵之后，你走到了人群拥挤的街上。在你的脑海中，你所想的唯一的事就是刚才的争吵，你在脑海中一遍又一遍地重播那段对话。你所有的注意力都集中于你说过什么话、你觉得当时应该说什么话、还需要说些什么才能修复你们之间的关系。这个时候你就处于自我催眠状态。

还一个例子是，有时会有人拦住你问：

"你没听见我刚才跟你打招呼吗？"

"你怎么径直从我身边走过去了，好像我不存在似的？"

"我叫了你十几次，你怎么一直都不回应呢？"

如果你听到类似的询问，同样的，你又一次进入自我催眠状态了。

自我催眠是改善你性生活的非常有效的一个工具。首先，在你对你自己的性特征（sexuality）有了一个了解之后，它可以帮助你回想起导致你当前性问题的过去的条件设定。然后，带着这份理解，重新编程你的潜意识就会变得非常简单，这样你就能真正地享受这个能够带给你愉悦体验的行为。

自我催眠也可以帮助你改善你的两性关系。你可以学习去转移你的感觉焦点，以获得一个你以前从未体验过的、更加深入、更加酣畅的性高潮。假如你觉得自己是有过性巅峰（climax）的体验却没有过性高潮的女人，你会更好、更全面地享受你的性爱体验，在某些情况下，你会享受到从性巅峰到多重性高潮的美妙体验。

那些面对性爱有些紧张的女人用自我催眠可以放松下来并享受性爱。如果两人交欢不久就因为女人变得麻木而使男人不能获得性高潮，那么他们将学会如何更好地专注于他们的感受，这样男女双方都会获得更加愉快的性高潮。

但是，在我们进入自我催眠这个领域并且享受到新的性爱愉悦体验之前，让我们先来看看人类性特征的本质。你是谁，你感受到什么，还有你建立任何的深层关系的方式，都是由你过去的经历造成的，这也使得你在这个世界上独一无二。是什么让你以现在的方式去思考和感受？是什么原因导致你的伴侣用与你完全不同的方式来看待这个世界？通过理解这些问题，你就能更好地改善你的性生活和个人关系。

本章重点

1. 除了开怀大笑，性爱是两个人之间能达到的最愉悦的体验。

2. 性行为并不只是一种躯体上的活动，它是心智、身体、情绪和之前的条件设定综合作用的结果。

3. 性爱的四个阶段：性幻想阶段、身体接触阶段、性交和性高潮阶段、幻想前阶段。

4. 在性爱的前三个阶段中，任何一个阶段都有可能出现问题。

5. 在我们每一个人的内心都有一段被遗忘已久的经历，它会影响我们未来多年的行为，这种影响在性方面比在其他任何方面都更加明显。

6. 自我催眠是一种最自然的心理状态。它是一种集中注意力的方法，使我们能够实现某些期望的结果，包括消除一些过去的经历对我们的生活产生的负面影响。

7. 自我催眠是改善你性生活的非常有效的一个工具。

2
了解你的性特征，
掌控你的"性"趣开关

你有没有下面这样的经历？

你和你的朋友站在一个拥挤的商场里或者繁华的街角，看着来来往往的人流，突然你注意到一个特别吸引你的男人或者女人，然后你会跟你的朋友点评这个人，你的朋友很有可能会认同你的观点，但是他描述这个人的帅气或者美貌的方式又让你意识到你们说的不是同一个人。而你朋友觉得特别有魅力的那个人对你来说一点吸引力都没有。

我们每一个人都有特定的"'性'趣打开按钮"（sexual turn-ons），它决定着我们是否被另一个人所吸引。有些男人可能会喜欢有着丰满的胸部和精心梳理过头发的女人；而另一些男人则觉得臀部小、胸小的女人非常美；还有些男人第一眼注意到的是对方的腿，他们如果觉得对方的腿非常有吸引力，那他们对其别的部位就会毫不在意。

女人们也是如此。有些女人觉得男人的脸是最重要的特征；而另一些女人最先关注对方的臀部，然后才会看他身体的其他部位。

　　还有一些建立在我们被养育的过程中形成的对异性看法上的"文化吸引"。在历史上的某段时间里，女人被认为是应该在性关系中被动的那一方，性爱是男人掌控的两性关系的一部分，被男人用来满足自己的欲望和繁衍后代。然而，避孕药的出现给女性带来了新的自由。她们感觉到自己可以在一段性关系中获得更多的掌控权，她们如果愿意，也可以变成主动进攻的一方。这是一种自然的进化，使一些男人感到颇为高兴。然而对于另一部分男人来说，主动进攻的女人与他们在孩童时代被教导去寻找的有着"良好行为"的女人大相径庭，所以主动进攻的女人的行为会变成他们的"'性'趣关闭按钮"（sexual turn-off）。

　　为了完全了解你的性驱动（sex drives）和任何关系中发生问题的原因，我们必须从性特征和暗示感受性（suggestibility）这两个不同的方面进行观察。这两个方面一起影响着我们所有的关系，也形成了开启我们都能体会到的最愉悦的性爱体验的钥匙。

　　性特征

　　这本书是对性理解的革命性成果。我们已经了解到，性关系是人类互动中非常愉悦而自然的一方面。不断改进的避孕方法为人们提供了更大的性自由，对性的更好的理解则鼓励情侣们去尝试更多样的性活动。人们也不再认为除了基本的"传教士体位"之外其他多种多样的体位都是错误的。我们现在明白了，只要双方都是成年人，都同意并享受其中，而且双方都不感到痛苦的做法，都是完全可以的。我们现在已经从过去那些死板和武断地定义性爱对与错的愚蠢的"神话"和毫无必要的限制中解放了出来。

　　如今，人们的性表达已经多种多样。大多数人已经认识到，理解自己特有的性特征可以带来更大的幸福，而不是试图把一个人的自然的性人格强装进一个特定的模子里。更重要的是，这样的理解可以帮助你和你的伴侣获得远比你以前所能知道的更强的性快感。

我们对性的理解上的这种变化尽管非常积极，但是也会带来一些问题。一个潜意识里认为女人被动才是合适的行为的男人，在面对一个积极主动的女人时可能会变得不举，即使这个男人可能被这个女人深深地吸引，对她有过非常多的狂热的性幻想，并为这个女人想和他发生一段关系而由衷地高兴。他没有意识到，这个女人的那些对于她的性特征来说非常自然的行为，正在令他长期压抑的担忧浮出水面，使他失去性功能。

也有相反的状况。有些女人在成长的过程中一直被灌输一种"正派"女人的形象，即一个"正派"女人跟一个男人在一起时应该怎样去感受和行动。她可能会去尝试着让自己符合这个形象，但是这个形象和她的性特征相去甚远，结果她就会发现自己无法达到性高潮。她非常想要那个和她做爱的男人，但是，同样的，她有着潜意识的压抑。

在这本书的后面，你将学习如何用自我催眠来改变这种潜意识程序。不过，学习之前先要了解你为什么会在你的关系中有这样的行为和感受，这是很重要的。

性特征的类型

多年来，在我为人们进行心理治疗的过程中，我发现人们的性特征有两种主要类型，我将它们命名为躯体型性特征（physical sexual）和情绪型性特征（emotional sexual）。这种区别出现于20世纪三四十年代，当时我们的社会开始发生变化。

有个词叫"异性相吸"，这也适用于人类的性特征。然而，在以前的很多年间，我们的社会不允许人们去自由选择结婚的对象。有些美国人来自预先安排婚姻的种族和文化背景。犹太人的父母会通过媒人来给自己的孩子选定伴侣。东方人的父母在自己的儿女很小的时候，就会为他们计划将来的婚姻。富裕阶层的人们经常要求他们的孩子为了社会地位和商业利益去联姻。在某些小群落里，由于交通的限制，人口流动基本不存在，而较小的人口基数限制了伴侣的自由选择。

后来，社会发展了，交通改善了，年轻人择偶不再受限于邻近的几个群落。多种文化的融合导致了他们更加依据自己被吸引的程度而不是家庭的意愿来选择自己的伴侣。跨种族和跨宗教信仰的婚姻变得常见，这更加速了旧障碍的消融。

在这个自然选择的过程中，来自不同家庭背景和文化的两个人通常会互相吸引走到一起，这意味着在这样的家庭中出生的孩子可能会有各方面都非常不同的父母。孩子的行为模式可能会讨好其中一方，但是不一定会赢得另一方的认同，甚至他们的父母和他们讲话的方式都有着非常不同的含义。因此，大部分的成年人在他们相互对立的父母的影响下发展出了他们自然的性特征。

大多数人都同时拥有躯体型性特征和情绪型性特征，但肯定有所偏重。躯体型性特征的人习惯向外投射自己的性感。这种人会穿一些能吸引别人注意力的衣服，例如开襟衬衫和低胸装，他们喜欢触碰别人或者被别人触碰，经常向和他坐着交谈的那个人靠近。他们对自己的身体感到自信，并且试着引导积极活跃的性生活，因为性生活本身就给他们一种他们所需要的安心的感觉。

情绪型性特征的人对自己的身体不是特别自信，虽然他们也可能拥有着非常活跃的、愉悦的性生活。为了不在公共场合吸引别人的注意力，这种人可能会穿一些高领的、颜色柔和的衣服。情绪型性特征的人喜欢在交谈中和对方保持一定的距离，而且在谈到性话题时会有脸红或者其他尴尬的表现。

为了表述清楚躯体型性特征和情绪型性特征之间的区别，我会举一些极端的例子。每个人尽管会同时具备两种性特征的某些特点，但是其中一种性特征会占主导地位。如果你知道了极端的情况，理解你自己和你的性伴侣就会变得简单至极。在后文中你可以做一个测试问卷，它会向你揭晓你具体的性特征。女性更可能倾向于情绪型性特征，男性则更可能倾向于躯体型性特征。这两种性特征在每个人身上比较常见的比例是一种性特征占60%，另一种占40%。

躯体型性特征

几乎每个人从出生的那一刻起就拥有生命中最重要的两个人，通常是他们的父母，尤其是在孩子性格形成的早期。即使在离婚率居高不下的情况下，大部分孩子在出生后的头几年里都会有双亲的陪伴。

在单亲家庭中，仍然有可能有两个重要的人，其中一个可能是母亲，另一个可能是叔叔、母亲的亲密朋友，或者其他亲戚，男性和女性均有可能。这两个人在新生儿和成长中的孩子的生命里可以被称为首要看护者和次要看护者。母亲（或其他的首要看护者）最可能在孩子有需要的时候出现。孩子在饿的时候就会哭，他的母亲就会过来用母乳或者奶粉来喂养他；孩子在尿了之后也会哭，通常也是母亲过来给他换尿布；孩子在受伤时更会哭，通常来安慰他的人也是母亲。孩子很快就会学习到，生存依赖于他与母亲的关系，并且要取悦于她。

随着孩子的成长，次要看护者被视为是给母亲带来快乐的那个人。她跟这个人在一起很开心，如果是丈夫或者男朋友的话，她会特别关注他的需求。由于孩子的生存和幸福都需要得到母亲的认可，所以，孩子就会认为，通过模仿母亲看起来最喜欢的那个人的行为，他就会得到认可。因此，孩子就从父亲或者其他次要看护者的身上学习到了他们的性特征。

当然，假如在一个家庭中父母颠倒了传统的角色，父亲留在家里照看孩子，而母亲在外工作，那么上述情况就会反过来。父亲变成了首要看护者，而孩子就会模仿母亲的性特征以获得父亲的认可。当父母双方平均分配照看孩子的任务时，例如某些夫妻每人都只工作半天，他们就可以获得一整份薪水，在家的时间也一样多，那么，这个家庭的孩子的性特征就会是父母双方的结合体。

躯体型性特征的人是那种在一段关系中用他的身体来保护其内在情绪的人。躯体型性特征的女人通常会特意穿那些能够炫耀自己身体的衣服，例如低胸装或者部分开襟的上衣。她会非常在意自己的穿着和妆容，因为她时常会关注别人怎么看她。保持她的外表足够吸引人对她来说是极为重要的。

躯体型性特征的男人同样也非常在意自己的外表。他会穿得非常时尚以展示他的身体。考虑到现在的时尚风潮，他可能会穿一件开襟衬衫，脖子上挂着大金链子，或者穿那种几乎盖不住胸膛的网状上衣。这种人有点大男子主义，他不会展现出对对方智力上的追求，而只对其身体有浓厚的兴趣。

躯体型性特征的男人对女性极为殷勤，他会帮女人开门，为她点烟，帮她拿外套和挪动椅子，或者做别的殷勤的举动。他认为自己在任何关系中都是占主导地位的一方，并且非常享受在求爱的过程中照顾女人。

躯体型性特征的女人通常都会有点虚荣，会期望和她约会的男人呵护并宠爱她的娇柔气质，她也非常适应妻子和母亲的角色。在一段恋爱中，她可能会对其他的女人极为嫉妒。

　　躯体型性特征的男人和女人都喜欢频繁地做爱。假如他们的伴侣不像他们那样有兴趣，他们就会很容易受到伤害。躯体型性特征的女人可能会用更多的心思取悦男人，以重新获得他对她的"性"趣。躯体型性特征的男人也可能会这样做，他还倾向于寻找一个靠双手劳作的职业，因为他发现，在每天的某个时段，当他无法压抑自己强烈的性欲望的时候，体力劳动是一个发泄口。

　　因为躯体型性特征的男人或者女人很容易在感到被拒绝的时候受到伤害，所以，他们实际上是被自己的伴侣控制的。他们迫不及待地讨好自己的伴侣以求得在性方面的奖励，因此，他们可能会在一段持续的关系中放低自尊，变得卑微，以免被拒绝。

　　这种躯体型性特征男性的典型形象就是《鬼马小精灵》里的卡通人物胆小鬼卡斯帕。他看起来很怕老婆，他会做饭、扫地、倒垃圾，而且通常会立刻跳起来去完成他老婆提出的任何突发奇想的命令。在外人看来，这个男人害怕他的妻子。他表现得缺少个人的驱动力，甚至缺乏自我价值感。但是事实上，他肯做所有的事情，是因为他知道，做完这些事情他会在床上得到奖励。只要性生活的频率和他需要的一样多，他就会做任何事情。

　　躯体型性特征的男人在晚上做爱的次数可能会多于情绪型性特征的男人（我后文很快会写）。然而，这并不是因为他是具有强大性能力的"种马"，而是他在性高潮的时候保留了一部分精液，没有完全释放，所以他需要再来一次或多次性高潮才能获得完全的释放。而情绪型性特征的男人则正好相反，他会在高潮的时候完全地释放他所有的精液，所以很自然地，他再次被唤起欲望就需要更多的时间。

躯体型性特征的男人在性行为中有很强的控制欲。他喜欢做爱时处于上面的体位，而并不喜欢其他的花样。他为了取悦伴侣会做得很极端，而且告诉自己他是在试图取悦对方。事实上，他是在享受这份感情的延长，而他取悦的人正是他自己。然而，与情绪型性特征的男人相比，躯体型性特征的男人更有可能是一个长时间的、忠诚的伴侣，当一段关系出现问题时，他会更加努力地去修复它。

躯体型性特征的女人对伴侣的批评极为敏感，并会在受到伤害的时候发起反击。她会记住男朋友或丈夫每一次的轻蔑和怠慢，在数周、数月，甚至数年后用于反击对方。她保留着她感受到的这些愤恨，并且频繁地向她的伴侣发泄，最终导致他们的关系出现问题。

一旦争吵结束，躯体型性特征的女人就会想立刻做些弥补，通常选用的方法就是做爱。她将性行为看作伴侣在情感上对她的接受，而假如她的伴侣在那个时候没有回应她的性欲，她就会再次受到伤害。不幸的是，她非常有可能嫁给一个情绪型性特征的男人，而这种男人在争吵后往往倾向于后撤退缩。

躯体型性特征的女人用她身体上的感受去理解她身边的人，通常是非常直观的。她按字面意思直接理解别人的话，尽管她说话时更倾向于间接表达出自己的想法。

孩子和家庭对于躯体型性特征的男人和女人来说都非常重要。相对而言，躯体型性特征的男人更容易与伴侣在上一段婚姻中所生的孩子和睦相处。躯体型性特征的男人和女人都喜欢分享自己的爱好和活动。

躯体型性特征的男人喜欢团队运动，无论是作为运动员还是积极的参与者。他喜欢和别的男人在一起，他们交谈的话题经常从性聊到运动然后再回到性。

在与别人的关系破裂时，躯体型性特征的男人和女人会遇到极大的问题。通常，他们的伴侣已被放在受尊重的位置，他们不能理解为什么现实和他们所期望的不一样。这种伤痛会持续很多年，因为这个人可能会在离婚或分手之后很长一段时间还继续爱着对方。比起情绪型性特征的人，他们的伤痛不但更强烈，而且更持久。

情绪型性特征

情绪型性特征的人是躯体型性特征的人的对立面。躯体型性特征的人是光鲜浮华的，情绪型性特征的人则是低调克制的。躯体型性特征的人会穿一些旨在炫耀他们身体的衣服，而情绪型性特征的人则会选择那些谨慎保守的衣服。躯体型性特征的人非常乐意开跑车，而情绪型性特征的人则喜欢更加实用的汽车。

情绪型性特征的人比躯体型性特征的人更有可能在工作上获得成功，因为他们对性的关注较少，从而更容易专注于处理管理工作中的细节。因此，你会发现，在一些诸如销售这样需要勇敢向前的进取性的工作领域，躯体型性特征的人往往表现得非常卓越。而情绪型性特征的人会更好地处理需要密切关注细节的管理任务。躯体型性特征的人喜欢抛头露面的工作，而情绪型性特征的人则更喜欢幕后工作，这种工作可能最后会带来工作组织中的真正权力。

情绪型性特征的女人不善于表达自己，她们喜欢把自己真实的感受隐藏起来，而这些真实感受通常比她们在表面上看起来的感受强烈得多。

情绪型性特征的女人专心于工作，就像躯体型性特征的女人专心于家庭一样。情绪型性特征的女人希望在职场或个人关系中被视为一个平等的搭档，而不是一个下属。作为一名员工，她会非常有效率地工作，一旦有升职的机会，她也会努力去争取。

　　情绪型性特征的男人通常会从事一些需要他在幕后付出的工作，他会在工作组织中寻求或拥有巨大的权力，不过他不太可能成为在前面抛头露面和公众打交道的那个人。

　　情绪型性特征的女人会有很多女性朋友，不像躯体型性特征的女人那样把每一个她看到的女人都视为自己的威胁。情绪型性特征的女人也会对女性朋友们的外表感兴趣，因为她感到自己的外貌总是不如别人。她欣赏朋友们的相貌，而不是试图跟她们竞争，因为她感觉自己不如朋友们漂亮，不管别人觉得她多么有吸引力。

　　情绪型性特征的男人和女人都喜欢运动，而且是参与其中，不是在赛场周围观看。例如，他们不会在星期天下午去看一场足球赛。他们更喜欢参与，更喜欢带有一点危险元素的个人运动。躯体型性特征的女人可能会喜欢参加垒球队或者保龄球社团，而情绪型性特征的女人则可能会学习空手道或滑雪。喜爱竞争的情绪型性特征的男人或女人可能在高中和大学的时候更喜欢参加田径项目，而不是篮球或足球这样的团体项目。

　　情绪型性特征的女人的性欲来得很慢，开始时，她会在脑海里有一个很漫长的性幻想的过程，慢慢地唤起她的性欲。然后她的身体需要慢慢地变得温暖起来，因为她平时会感觉到身体冰凉。这种温暖来自伴侣对她身体敏感部位的慢慢爱抚，而这些敏感部位必须是远离外阴的部位。如果直接抚摸她的外阴部，她就会失去兴趣。而如果抚摸她的脖子、耳朵、腹部和其他的部位，她会给予很好的回应。

　　性高潮之后，情绪型性特征的女人就会想和自己的性伴侣保持一定的距离，她更可能是达到性巅峰而不是性高潮，然后她就会想去做一些别的事情。她不像躯体型性特征的女人那样希望对方在完成性行为后继续跟她缠绵抚摸。

情绪型性特征的女人有一个明确的性周期，但是每个女人的周期都不太一样。我发现这个周期从 3 天到 1 个月不等。在这个周期的最高点，她对性爱的反应最积极，也拥有最强的欲望。情绪型性特征的男人同样有这样一个周期，尽管他们都可以更频繁地做爱。

对于情绪型性特征的女人来说，性爱应该发生得很自然。一个男人可以跟一个躯体型性特征的女人谈论性和对性的期待，即使这个事情在几个小时之内都不会发生，也会唤起她的性欲。当一个男人和一个情绪型性特征的女人谈论关于性的话题时，例如建议他们下班回到家就上床，她就会失去兴趣。她可能会对这个建议感到不满，尽管她对他们在一起后自然发生的性爱很欢迎。随着时间的推移，每当她想起这个建议，她的怨恨就更深一点。她可能会假装头痛或者做一些破坏她伴侣的上床计划的事情。

非常重要的是，我们要明白，情绪型性特征的女人并不是性冷淡，也没有性问题。她可以达到性高潮，并完全地享受性关系。她只是比躯体型性特征的女人反应更慢一些，需要不同的方式来唤起欲望。因为她更容易被躯体型性特征的男人吸引，而这种男人很容易就会被激发起欲望，迫不及待地想跳上床，所以，她可能会对男人不试着了解她的需求而感到很沮丧。她可能觉得"什么能帮助我唤起性欲望"和"如何让我拥有一个愉悦的性爱体验"这样的话题难以启齿，所以她会假装高潮，继续忍耐着满足对方的需求。然而，当双方之间有了良好的沟通和互相的理解，她会得到愉快美满的性生活。

情绪型性特征的男人和女人在一段关系的早期阶段都会有相当频繁的性生活，而且他们的欲望和他们躯体型性特征伴侣的一样强烈。但是，他们的欲望会在这段关系中随着时间而减弱，而他们的躯体型性特征的伴侣的欲望则会随着时间而增强。

情绪型性特征的男人会逐渐后撤退缩。他觉得不停地告诉女人她很有魅力或者他对她的感觉没有任何意义。他以为她明白，只要他没有抱怨，就说明他很赞同、很满意。不幸的是，他通常会与一个躯体型性特征的女人结婚，而这种类型的女人需要他持续不断的口头上的认同以获得舒适感。

情绪型性特征的男人的生活有一个明确的模式。他会逐渐地将他在感情初期放在性方面的精力转移到别的活动上，比如俱乐部、兴趣爱好或其他相似的事情。性对他来说并不是那么重要，他的欲望可能会进入一个特定的模式，可能当某一天的某个时间到来时，他就会想做爱，希望伴侣陪在他身边，不管他的伴侣情况如何。

这一切的结果就是，相比于躯体型性特征的男人，情绪型性特征的男人更有可能找一个情妇。他喜欢在自己有性需求时便利行事，既不用过多地被卷入女性一方的生活里，还可以将女人很好地安排进他的日程中。最典型的例子就是需要工作到深夜的企业领导或政客，他的妻子要照顾孩子、做家务，没准儿还会有一份工作。他也许可以在下午 5 点左右腾出 1 个小时的时间，放松一下，然后再回去做剩下的工作，但是这时候正是他的妻子忙于照顾孩子的时候，于是，情妇对他来说就是一个非常刺激的选择，情妇可以满足他的时间安排，这既是她自己的选择，也因为她的时间相对自由。她不被婚姻的责任束缚，能随时满足他的需要。

情绪型性特征的男人认为自己对妻子和情妇都是负责任的，尽管他对两者的感觉是完全不同的。他会竭尽全力不让自己的妻子知道情妇的存在，但是他也会经常幻想介绍她们互相认识，并让她们和睦相处。这种幻想在全家欢聚的节日里最为强烈，例如圣诞节，当他必须在家里和自己的妻子、孩子在一起的时候，他同样会想要有这么一个特殊的日子去照顾他的情妇。

情绪型性特征的男人可能会在自己的妻子面前批评别的女性，包括他的情妇，假如他的妻子认识他情妇的话。他试图表明自己对其他女人不感兴趣，即使他经常跟情妇约会。

对情绪型性特征的男人来说，妻子最后会成为他的一种责任。我经常听到他们这样说："她是一个好女人，也是一个称职的母亲，但是，我就是不爱她。"他并不想离婚。如果他的情妇想让他离婚，他在那个不爱的妻子和他声称真爱的情妇之间做选择时，宁可离开他的情妇，也不会屈服于情妇的要求。离婚一般都是由妻子提出的。然而，就算是这样，这个男人可能也不会和那个情妇结婚，而是会选择别的女人。

情绪型性特征的男人不一定非得娶一个妻子来欺骗。这样的男人可能会在和一个女人同居，或者有一个稳定的女朋友或性伴侣的同时，仍然会在外面再找第二个女人，因为第二个女人会给他带来他当前关系中所缺少的一些刺激紧张的兴奋感。

对于情绪型性特征的男人来说，性的发生应该是很自然的。他不喜欢那种为了发生关系而邀请女人共进晚餐及饮酒的缓慢的诱惑过程。

一旦性爱开始进行，情绪型性特征的男人不喜欢被交谈分散注意力。他喜欢刺激女性和看她的反应，他很乐意做一个被动的伴侣，在做爱时让女性在上面。他可能很难把注意力集中在性爱上，所以他希望她所做的每一件事情都能引导着他走向性高潮，而不希望让任何事情来分散他的注意力。

情绪型性特征的男人在高中的时候就会为约会而感到烦恼。他可能会有很多的女性朋友，但他很难与她们约会。因此，他可能会娶他高中时的女友，一部分原因是关心她，另一部分原因是他感觉很舒服，他不用再经历那个他认为最困难的求爱阶段。由于情绪型性特征的男人结婚的对象通常是躯体型性特征的女人，所以她会享受他的关注。而当他看起来对她冷淡下来的时候，她可能会觉得自己受到了挑战，想要更积极主动地去维持这段关系。

婚后，情绪型性特征的男人通常不想要孩子，并讨厌他的妻子怀孕。他专心于自己的事业和其他活动，并且对妻子想生一个孩子的想法感到不安。

情绪型性特征的男人对工作的追求会让他获得一定程度的成功，最终这些成功也会弥补他在高中时代所缺乏的自信。现在，他已经准备好去对别的女人感兴趣了，通常情况下是和他一起工作的女人。他认为他的妻子不再跟他兴趣相投了，从而开始转向身边的女人，发生婚外情。

情绪型性特征的女人不这样做的主要原因是，她很可能跟一个躯体型性特征的男人结婚。相对于他极其旺盛的性欲望，她性欲望的逐渐减少会导致他对她越来越多的关心和关注，并期待她把性作为给他的奖励。有时候，她如果被唤起了性欲，会自愿地给他这种奖励，其他时候，她可能会假装高潮或者敷衍、拒绝他，而这些敷衍和拒绝只会使他对她更加关注。虽然她可能在情感上和身体上都感到不是很满意，但是她在这段关系中的掌控地位足以让她感到舒适，并让这段关系得以维持下去。

测试你的性特征是情绪型还是躯体型

在我们进一步讨论之前，了解你自己的性特征是十分重要的。下面这些测试问卷可以帮助你分析你自然的躯体型性特征和情绪型性特征的程度。你也可以用这些测试问卷来分析你现在的性伴侣，以更好地了解你们的相同点和不同点。

虽然这些测试非常简单，但是它们已经被我的大量的来访者证明是非常准确的。所以，当我们学习如何通过自我催眠来改善你的性生活的时候，我坚信这些测试将会对你大有裨益。

永远要记住，这些测试的结果没有好坏之分。哪一种性特征更多一点或更少一点并不意味着就更好。无论是躯体型性特征还是情绪型性特征都是非常自然的，拥有两个极端性特征的人也可以享受到活跃的、充实的性生活。然而，如果你不了解自己的性特征，就不会理解你与性伴侣在感觉、欲望和其他方面的不同。

女性性特征问卷（一）

问题	选项	
1. 仅回答 a、b、c 中的一个问题。如果你的父母（或其中一方）有以下一种或多种特征，请回答"是" a. 如果你是由父母双方共同抚养长大的（直到十五六岁），你的父亲是否比你的母亲更外向、主动，更加明显地表达对你的关爱，比如拥抱或用语言表达感受、赞美 b. 如果你是由父亲独自抚养长大的，他非常外向、明显地表达对你的关爱吗 c. 如果你是由母亲独自抚养长大的，她非常外向、明显地表达对你的关爱吗	是	否
2. 选项 b 比 a 更能贴切地描绘你性高潮时的感受吗 a. 所有愉悦的感觉突然停止（性刺激可能转变成一种恼怒或者难以应付的挫败感），想要撤离，暂时或完全停止性行为 b. 一种身体上和情绪上的释放，伴随着收缩、痉挛性颤抖、体温上升、湿润，可以多次释放	是	否
3. 如果你的伴侣中止了一段你还想继续的关系，你是否发现自己所有的精力和思绪都放在他身上，不能集中注意力做其他事情	是	否
4. 在性爱结束之后，你是否喜欢伴侣的触摸和爱抚	是	否
5. 你是否比伴侣更容易嫉妒、占有欲更强	是	否
6. 当你和伴侣做爱时，你经常渴望反复做爱吗	是	否
7. 你希望伴侣在性方面更主动、更有创造性吗	是	否

问题	选项	
8. 在你们这段关系的新鲜感逐渐退去之后，如果你的伴侣的性欲降低了，你是否会因此而烦恼	是	否
9. 在做爱过程中，用语言表达你所体验到的身体上和情绪上的不同感受是否会让你感觉更刺激	是	否
10. 如果你感觉被伴侣不公平地批评或拒绝，你会表达极度的愤怒、发脾气或报复吗	是	否
11. 你生命中的这个男人是你优先考虑的吗	是	否
12. 你喜欢给伴侣买礼物吗	是	否
13. 你是否认为在发生争执之后，做爱是一种很好的和解方式	是	否
14. 你是否感觉自己比伴侣更有爱的能力、更加深情	是	否
15. 有其他人在场时，你享受伴侣的关爱和恭维吗	是	否
16. 如果你怀疑伴侣出轨，你会把责任最大限度地归咎于把他引入歧途的女人吗	是	否
17. 你是否感觉你比伴侣更善于表达亲密的感觉和态度	是	否
18. 与伴侣对你的付出相比，你认为自己的付出更多吗	是	否
19. 你是否感觉女人的最大成就感之一就是拥有自己的孩子	是	否
20. 你是否感觉你比伴侣拥有更好的给予性爱和接收性爱的能力	是	否

女性性特征问卷（二）

问题	选项	
1. 仅回答 a、b、c 中的一个问题。如果你的父母（或其中一方）有以下一种或多种特征，请回答"是" a. 如果你是由父母双方共同抚养长大的（直到十五六岁），你的父亲是否比你的母亲更内敛、被动，更不善于表达对你的关爱 b. 如果你是由父亲独自抚养长大的，他内敛、被动、冷漠、孤僻，并且过于严厉吗 c. 如果你是由母亲独自抚养长大的，她内敛、被动、冷漠、孤僻，并且过于严厉吗	是	否

问题	选项	
2. 选项 a 比 b 更能贴切地描绘你性高潮时的感受吗 a. 所有愉悦的感觉突然停止（性刺激可能转变成一种恼怒或者难以应付的挫败感），想要撤离，暂时或完全停止性行为 b. 一种身体上和情绪上的释放，伴随着收缩、痉挛性颤抖、体温上升、湿润，可以多次释放	是	否
3. 在做爱过程中，你是否不愿意用语言表达你所体验到的身体上和情绪上的不同感受	是	否
4. 随着一段关系的新鲜感逐渐退去，你是否发现你对伴侣的性欲降低了	是	否
5. 相比于实际的身体行为，你是否常常对性有更好的期待	是	否
6. 你是否抱持这样的态度：如果做爱 5 分钟后的感觉和做爱前的感觉一样，你就永远不会再做爱了	是	否
7. 在争吵时，你的伴侣是否会用你过去曾经伤害、激怒、拒绝他的话语和行为来反击你	是	否
8. 当你和伴侣做爱时，你是否常常幻想另外一个人或者另一种性行为	是	否
9. 你有时候会为了结束性爱而假装性高潮吗	是	否
10. 你是否会在被激烈地亲吻或粗鲁地抚摸后失去性欲	是	否
11. 你的手脚是否比身体其他部位更容易感觉到冷	是	否
12. 一旦你达到性巅峰或性高潮，伴侣试图继续刺激你会让你失去性欲吗	是	否
13. 你是否常常在你的关系之外寻找那种你感觉已从你生活中消失的浪漫	是	否
14. 你的伴侣比你更频繁地想做爱吗	是	否
15. 在做爱时，你是否会因闲谈而分心或者因为感觉受到了评论而不愿继续	是	否
16. 如果你的伴侣经常在公共场合抚摸或触碰你，你会觉得尴尬或难为情吗	是	否
17. 争吵之后，你是否会回避或拒绝和伴侣做爱	是	否
18. 你有时候会找借口避免和伴侣做爱吗	是	否
19. 当你的伴侣明确恳求你向他表达赞美或关注，而你不得不这么做时，你是否会感到烦恼	是	否
20. 你会因为没有自己独处的时间而感到沮丧吗	是	否

男性性特征问卷（一）

问题	选项	
1. 仅回答 a、b、c 中的一个问题。如果你的父母（或其中一方）有以下一种或多种特征，请回答"是" a. 如果你是由父母双方共同抚养长大的（直到十五六岁），你的父亲是否比你的母亲更外向、主动，更加明显地表达对你的关爱，比如拥抱或用语言表达感受、赞美 b. 如果你是由父亲独自抚养长大的，他非常外向、明显地表达对你的关爱吗 c. 如果你是由母亲独自抚养长大的，她非常外向、明显地表达对你的关爱吗	是	否
2. 当你和伴侣做爱时，你经常渴望反复做爱吗	是	否
3. 和伴侣发生争执时，通常是你主动求和吗	是	否
4. 你是否比伴侣更容易嫉妒、占有欲更强	是	否
5. 你是否认为在发生争执之后，做爱是一种很好的和解方式	是	否
6. 你是否喜欢表达对伴侣的关爱，比如帮她开门、帮她穿脱外套、入座前帮她拉椅子等	是	否
7. 在做爱结束之后，你喜欢立刻爱抚和触摸伴侣吗	是	否
8. 如果你感觉被伴侣不公平地批评或拒绝，你会表达极度的愤怒、发脾气或报复吗	是	否
9. 当你遇到异性时，你是否首先被她腰部以下的部位所吸引，而不是腰部以上的部位	是	否
10. 当你被伴侣强烈地拒绝时，你是否感觉到身体上有真实的不适或疼痛	是	否
11. 和伴侣分享你的社交活动和兴趣爱好对你来说重要吗	是	否
12. 如果你的伴侣中止了一段你还想继续的关系，你是否发现自己所有的精力和思绪都放在她身上，不能集中注意力做其他事情	是	否
13. 为了防止伴侣失去"性"趣，你是否会同意她的意见，即使你认为她是错的	是	否
14. 与伴侣对你的付出相比，你认为自己的付出更多吗	是	否

问题	选项	
15. 你希望伴侣在性方面更主动、更有创造性吗	是	否
16. 有其他人在场时，你享受伴侣的关爱和恭维吗	是	否
17. 你生命中的这个女人是你优先考虑的吗	是	否
18. 如果你怀疑伴侣出轨，你会把责任最大限度地归咎于把她引入歧途的男人吗	是	否
19. 你是否感觉自己比伴侣更有爱的能力、更加深情	是	否
20. 在你们这段关系的新鲜感逐渐退去之后，如果你的伴侣的性欲降低了，你是否会因此而烦恼	是	否

男性性特征问卷（二）

问题	选项	
1. 仅回答 a、b、c 中的一个问题。如果你的父母（或其中一方）有以下一种或多种特征，请回答"是" a. 如果你是由父母双方共同抚养长大的（直到十五六岁），你的父亲是否比你的母亲更内敛、被动，更不善于表达对你的关爱 b. 如果你是由父亲独自抚养长大的，他内敛、被动、冷漠、孤僻，并且过于严厉吗 c. 如果你是由母亲独自抚养长大的，她内敛、被动、冷漠、孤僻，并且过于严厉吗	是	否
2. 你是否通常不会赞美伴侣，秉持的态度是"只要我不抱怨，就一切都好"	是	否
3. 相比于实际的身体行为，你是否常常对性有更好的期待	是	否
4. 你是否感觉没有必要为女人开门、点烟，即使你可能已经这么做了	是	否
5. 争吵过后，虽然你们和好了，但是你仍然感到愤恨，难以做到完全原谅吗	是	否
6. 你的伴侣比你更频繁地想做爱吗	是	否
7. 你是否不喜欢为了做爱而请女生吃喝玩乐（假设钱不是问题）	是	否

问题	选项	
8. 回答其中一个问题： 　　a. 如果已婚，你是否有外遇，或更希望有外遇 　　b. 如果未婚，你是否通常在一个固定伴侣之外还同时与其他人约会	是	否
9. 争吵之后，你是否会回避或拒绝和伴侣做爱	是	否
10. 你是否不愿意在性行为结束后立即用语言表达爱、温柔或关心	是	否
11. 当你遇到异性时，你是否首先被她腰部以上的部位所吸引，而不是腰部以下的部位	是	否
12. 在做爱时，你是否会因闲谈而分心或者因为感觉受到了评论而不愿继续	是	否
13. 你是否常常在你的关系之外寻找那种你感觉已从你生活中消失的浪漫	是	否
14. 随着一段关系的新鲜感逐渐退去，你是否发现你对伴侣的性欲降低了	是	否
15. 你是否会对怀了你孩子的女人产生强烈的愤怒和反感，除非你已经结婚并准备好要孩子	是	否
16. 你是否抱持这样的态度：如果做爱5分钟后的感觉和做爱前的感觉一样，你就永远不会再做爱了	是	否
17. 在做爱过程中，你是否不愿意用语言表达你所体验到的身体上和情绪上的不同感受	是	否
18. 在争吵时，你的伴侣是否会用你过去曾经伤害、激怒、拒绝她的话语和行为来反击你？	是	否
19. 当你和伴侣做爱时，你是否常常幻想另外一个人或者另一种性行为	是	否
20. 当你的伴侣明确恳求你向她表达赞美或关注，而你不得不这么做时，你是否会感到烦恼	是	否

性特征问卷评分说明

1. 男性问卷和女性问卷分开计算，每套问卷分问卷（一）和问卷（二）两部分。

2. 每份问卷中，回答"是"得 5 分，回答"否"不得分。

3. 数出问卷（一）中回答"是"的总数，然后乘以 5，得出问卷（一）的分数。

4. 数出问卷（二）中回答"是"的总数，然后乘以 5，得出问卷（二）的分数。

5. 将问卷（一）和问卷（二）的分数相加，得出总分数。

6. 在下页的性特征测试评分表中，在横坐标上找出总分数并圈出来。

7. 在评分表的纵坐标上找到问卷（一）的得分并圈出来。

8. 在评分表中，从问卷（一）的得分处画出一条水平线，然后从总分处画出一条垂直线。

9. 两条线相交处的方格里的数值反映了你所拥有的躯体型性特征的百分比。

10. 如果这个百分比大于 50%，那么你的主要性特征就是躯体型性特征。用 100% 减去这个百分比，就能得到你的情绪型性特征的百分比。

11. 如果这个百分比小于 50%，那么你的主要性特征就是情绪型性特征。用 100% 减去这个百分比，就能得到你的躯体型性特征的百分比。

注意：当你完成性特征测试问卷之后，请继续查看本章最后的暗示感受性测试。如果你的躯体型性特征超过你的躯体型暗示感受性 40%，那么在你的情绪型性特征的比例上再加 10%。这背后的原理是：情绪型暗示感受性会倾向于抑制躯体型性特征的某些方面，导致一个人表现出来的躯体型性特征少于他真正具有的。同样的，躯体型暗示感受性也会抑制情绪型性特征的表现，导致那个人表现出来较少的情绪型性特征。

问卷（一）分数 + 问卷（二）分数 = 总分数

问卷（一）分数	50	55	60	65	70	75	80	85	90	95	100	105	110	115	120	125	130	135	140	145	150	155	160	165	170	175	180	185	190	195	200
100											100	95	91	87	83	80	77	74	71	69	67	65	63	61	59	57	56	54	53	51	50
95										100	95	90	86	83	79	76	73	70	68	66	63	61	59	58	56	54	53	51	50	49	48
90									100	95	90	86	82	78	75	72	69	67	64	62	60	58	56	55	53	51	50	49	47	46	45
85								100	94	89	85	81	77	74	71	68	65	63	61	59	57	55	53	52	50	49	47	46	45	44	43
80							100	94	89	84	80	76	73	70	67	64	62	59	57	55	53	52	50	48	47	46	44	43	42	41	40
75						100	94	88	83	79	75	71	68	65	63	60	58	56	54	52	50	48	47	45	44	43	42	41	39	38	38
70					100	93	88	82	78	74	70	67	64	61	58	56	54	52	50	48	47	45	44	42	41	40	39	38	37	36	35
65				100	93	87	81	76	72	68	65	62	59	57	54	52	50	48	46	45	43	42	41	39	38	37	36	35	34	33	33
60			100	92	86	80	75	71	67	63	60	57	55	52	50	48	46	44	43	41	40	39	38	36	35	34	33	32	32	31	30
55		100	92	85	79	73	69	65	61	58	55	52	50	48	46	44	42	41	39	38	37	35	34	33	32	31	31	30	29	28	28
50	100	91	83	77	71	67	63	59	56	53	50	48	45	43	42	40	38	37	36	34	33	32	31	30	29	29	28	27	26	26	25
45	90	82	75	69	64	60	56	53	50	47	45	43	41	39	38	36	35	33	32	31	30	29	28	27	26	26	25	24	24	23	23
40	80	73	67	62	57	53	50	47	44	42	40	38	36	35	33	32	31	30	29	28	27	26	25	24	24	23	22	22	21	21	20
35	70	64	58	54	50	47	44	41	39	37	35	33	32	30	29	28	27	26	25	24	23	23	22	21	21	20	19	19	18	18	18
30	60	55	50	46	43	40	38	35	33	32	30	29	27	26	25	24	23	22	21	21	20	19	19	18	18	17	17	16	16	15	15
25	50	45	42	38	36	33	31	29	28	26	25	24	23	22	21	20	19	19	18	17	17	16	16	15	15	14	14	14	13	13	13
20	40	36	33	31	29	27	25	24	22	21	20	19	18	17	17	16	15	15	14	14	13	13	13	12	12	11	11	11	11	10	10
15	30	27	25	23	21	20	19	18	17	16	15	14	13	13	13	12	12	11	11	10	10	10	9	9	9	9	8	8	8	8	8
10	20	18	17	15	14	13	13	12	11	11	10	10	9	9	8	8	8	7	7	7	6	6	6	6	6	6	6	5	5	5	5
5	10	9	8	8	7	7	6	6	6	5	5	5	4	4	4	4	4	4	3	3	3	3	3	3	3	3	3	3	3	3	3
0	0	0	0	0	0	0	0	0	0	0	0	0	0	0	0	0	0	0	0	0	0	0	0	0	0	0	0	0	0	0	0

问卷（Ⅰ）分数

暗示感受性

之前我们讨论过，我们的性特征是由我们的次要看护者决定的，通常是我们的父亲。暗示感受性反映了我们学习的方式，是我们童年条件设定的一部分，更是我们利用自我催眠的一个因素。然而，暗示感受性来自我们的首要看护者，通常是我们的母亲。

暗示感受性事实上是一种防御机制，在我们很小的时候，它保护我们免受被拒绝的痛苦。它来自我们在成长过程中学习到的如何真正理解母亲传达给我们的信息的能力。只有理解我们的母亲或者其他的首要看护者真正想要从我们这里得到什么，我们才能在这一段我们作为孩子时非常需要的关系中感到舒适。

举个例子，假设你在一个下着小雨的下午经过一个公园，那里有几个母亲带着她们的孩子在断断续续的小雨中玩耍。

一位穿着旧衣服的母亲带着自己的孩子坐在草地上玩一小滩水。她正拿着树叶和细树枝教她的孩子如何做小船。他们假装滴在水洼里的雨水溅起的是大浪，小小的树叶则变成海洋里的渡轮，被海浪卷起，努力地前进，安全返回海岸。"今天是多好的天气呀！"她说，她的孩子高兴地咯咯大笑着。"我真高兴我们来了这里，我们现在需要赶紧回家把衣服弄干，免得感冒。不过，今天不是很有趣吗？"

第二位母亲则非常着急，她的孩子在家里待得太久了，她觉得必须把孩子带到公园来透透气。但是现在下雨了，她的好衣服被淋了，太可惜了，而且她的新发型也被破坏了。她的孩子还想在泥里玩，但是她一直抓着孩子的胳膊用力地拖着他走。"今天是多好的天气呀！"她恼怒地说，"我真高兴我们来了这里！"她的语气里充满讽刺，并下定决心要尽快找个避雨的地方。为了催促孩子离开，她都快要把孩子的胳膊拽脱臼了："今天不是很有趣吗？"

这两位母亲所使用的词语几乎完全相同，但是很显然，她们俩的意思是完全不一样的。

第一个孩子发现，他妈妈说的话就是她要表达的意思。这位妈妈认为这是一个好天气，因为她和孩子在公园里玩得很开心，他们正在分享一种需要下雨才能享受到的快乐体验。虽然天气很湿，可能还会有点冷，但是他们都穿好了衣服，这位妈妈也确保了两个人没有在雨中淋太久，不至于因此生病。所以，这个孩子已经认识到了，妈妈说的话就是她的本意。同时，他也认识到，当他想要和妈妈说话时，他就应该直白地按字面意思表达。他会成长为一个想什么就说什么的成年人。

第二个孩子则发现，他妈妈说的话并不是她要表达的意思。这位妈妈也是在描述一个"多好的天气"，但是她真正的意思是说天气很糟糕。她感到很痛苦，决定离开那里，所以她说话带着非常讽刺的味道。这个孩子会认识到，他妈妈说的话是需要推理的，她总是不直接说她的意思，她经常说反话，字面意思与她的本意常常完全对立，所以，要想真正理解她的意思，就需要寻找其他的信号——她的语气语调、她身体的紧张度和她的身体语言。他认识到，当他和妈妈说话时，他可能需要暗示他的感受，而不是把他的意思直接说出来。

首要看护者惩罚孩子的方式会影响孩子的暗示感受性。

举个例子，同样是两个孩子和他们的母亲。这一次，孩子都得到了一个大球作为礼物，而且也都被警告不能在屋子里玩球。但是，两个孩子都没有听话。当听到自己心爱的台灯被弹跳的大球给打碎时，两个母亲的反应就大不相同了。

第一位母亲冲进来，责骂孩子一通，并拿走了球。她可能会说这样的话：“你竟然不听话，看样子你现在还不能玩这种玩具，居然在屋子里玩。我现在要把这个球拿走，不给你了。等你真正长大了，知道怎么玩才合适了，我再给你。”这个孩子开始大哭，因为被责骂和被剥夺了新的玩具而难过，而母亲完全不理睬他。母亲把这个球放在衣柜顶部的架子上，然后继续忙她的家务去了。孩子留在那里，噘嘴发脾气，思考发生了什么，一会儿就又去玩了。做错事情后没有奖赏，惩罚也没有带来一点快乐。

第二位母亲也冲进房间责骂了孩子一通，没准儿还打了孩子一顿。这时候，这个孩子开始大哭，继而，这位母亲开始感到有点愧疚，或者她一贯的态度就是，每当看到孩子哭时就会后悔，认为宽恕是必要的。母亲走到孩子身边，把孩子抱在怀里安慰他。也许她会轻轻地摇动孩子，唱歌，或者温柔地轻抚他的前额。即使在此之前孩子身体上感受到了很大的不适，在这个互动过程中，他还是感受到了很大的快乐。

第一个孩子学习到，当他做错事情时，他就会受到惩罚。这是一个直接的因果关系，而且在这个痛苦的过程中他感受不到丝毫的快乐。

第二个孩子学习到，当他做了错事被惩罚之后会有愉快的体验。这个孩子可能会发现在他的生活中最有爱的关注都来自他痛苦后的奖励。他很可能会养成一种习惯：当他想要获得关注的时候，就会做一些淘气的事情。然后这个孩子将总是在期待奖励的情况下，把惩罚的不适感最小化或者接受它。

第二个孩子学习到，躯体上的接触是非常愉悦的，身体可以用来获得极大的舒适感，身体接触是一种奖励，所以，第二个孩子将会渴望身体接触。而第一个孩子则觉得身体接触没有那么愉悦。每一个孩子都是在对童年时期收到的那些信号做出很自然的反应，而这些信号通常是由母亲或其他首要看护者发出来的。

当母亲一开始表现出大量的身体关爱，而后又拒绝身体接触时，孩子会变得非常渴望身体接触（躯体型暗示感受性）。

假设有一个一直渴望要一个孩子的女性，孩子出生后，她对新生儿喜欢到极点，她触摸和爱抚这个孩子，轻拍他的身体，通过直接的接触表达她的爱意。

一两年过后，家里的经济情况发生了变化。她的丈夫挣的钱不能够满足这个家庭的需求，她决定出去工作。此后，她没有足够的时间来亲密关注她的孩子了。孩子之前已经习惯的亲密的身体接触没有了，结果，这个孩子长大成人后还会一直寻求身体上的感觉。

一位过度保护孩子的母亲也会加强孩子的躯体型暗示感受性。例如，母亲可能会不断地提醒孩子注意身体上的需要：

"穿上你的雨衣，如果被淋湿了，你会着凉的。"
"你最好戴上手套，那么多雪，你的手会冻僵的。"
"你确定你穿那件夹克够暖和吗？你不想感冒吧？"

每一句话都会让孩子想到自己的身体。这样的指令来得如此频繁，以至于孩子不断被提醒去关注潜在的问题，并对身体感觉保持警惕。

情绪型暗示感受性的形成来自经常发出混淆信息的母亲，母亲所表达的字面信息与孩子接收到的真正含义难以匹配。例如，前文中那位在公园里急着去避雨的母亲嘴上讲的话和她的真实感情截然不同。结果，这个孩子会觉得很迷惑，他不能仅仅相信字面上的意思，他必须学会不再受字面意思的影响，而去关注隐藏在字面后的那些潜在含义。

形成情绪型暗示感受性的另一个稍有不同的原因来自母亲对孩子

过度的、令人窒息的躯体关注。当孩子没有寻求母亲的关注时，母亲却不断地抓住和拥抱孩子。当孩子在安静地玩游戏，并且觉得这个游戏非常有吸引力时，他的母亲突然跑过来，说："**你在玩游戏的时候看着太可爱了，我爱你爱得要死啊！**"然后母亲对孩子又拥抱又亲吻，打断了他的游戏，也让这个只想安安静静地玩游戏的孩子觉得心烦。

久而久之，这种过度关注会使孩子躲避身体的接触。他在大部分时间都会忽视父母的接触，当有可能进行身体接触时，孩子会发展出很强的情绪，比如愤怒。

孩子被打屁股以后却没有得到即时奖赏同样会形成情绪型暗示感受性。身体接触意味着疼痛，愤怒的父母则是令他产生恐惧的人。孩子会变得紧张，不想再被触碰，这又再一次加强了孩子的情绪型暗示感受性。

情绪型暗示感受性孩子的母亲直白地说话，但孩子如果想要真正理解，则需要从母亲的话中推理出不同的信息。这种情况通常发生在孩子 2~5 岁之间，这个年龄段的孩子开始意识到"别人"（不管是成年人还是孩子）的存在。他的交流能力开始变化，因为直系亲属以外的大人和孩子不会为理解他而做出一点点努力，相反，孩子需要去适应别人。同样，在某种程度上，这也需要孩子拥有推理性理解的能力。

孩子也将学会适应父亲的方式，而父亲的方式完全不同于母亲。例如，父亲是情绪型性特征而母亲是躯体型性特征，在这种情况下，孩子就必须学着通过推理的间接方式和父亲交流，否则就可能出现麻烦。

父亲问："**你能告诉我你的名字吗？**"

直白型的孩子会回答："**好的。**"而推理型的孩子则会回答："**我的名字是约翰。**"

然而，当孩子的回答是"**好的**"时，尽管这个回答也是准确的，但可能会让这位父亲火冒三丈。孩子就这样学会了推理性回应，以后他会直接回答他的名字，即使他一开始觉得很自然地（对于孩子来说）按照字面意思进行直白回答更合适一些。

另一个情景是，当父母进入孩子的房间时，发现玩具乱七八糟地散落一地。父母会说："地上太乱了，玩具应该装起来。"直白型的孩子会按照字面意思回应说："是啊，太乱了，应该装起来。"而推理型的孩子会理解到这句话的暗示，并且开始整理玩具。

与性特征不同，暗示感受性对于孩子来说是很容易平衡的。例如，一个母亲可能会用适度的、不带有奖赏性拥抱的处罚让孩子停止哭闹（情绪型暗示感受性），但也在其他的时候给予足够的触摸和身体安慰，以创造身体接触的舒适感（躯体型暗示感受性）。这种平衡会造就一个对两种暗示感受性都感到非常舒适的成年人，即使他在父亲的影响下，在性特征上会表现出非常强的躯体型性特征或情绪型性特征。

暗示感受性也有可能是由于父母行为模式不一致造成的。如果一个孩子在某一天犯错时，父母惩罚了他并把他晾在那儿不理他，而另外一天，当他犯同样的错时，父母惩罚了他之后又给他拥抱作为奖赏，那么，这个孩子在判断是非时就会变得模棱两可。因为信息上的混淆，他会形成一种平衡的暗示感受性。

当孩子第一次进幼儿园或托儿所时，他原本的暗示感受性会得到加强。小孩子不关心别人的感受，他们是极度以自我为中心的，且只了解自己的感受。他们从不关心别的孩子怎么想。因此，当他们经历一些事情的时候，他们趋向于以自己最舒服的方式做出反应。这可能就意味着同学之间或者学生对老师会产生持续的身体上的对抗，或者，也可能意味着安静的回避、感受各种情绪和避免身体接触，他们会避免一切给他们的身体招来注意力的事情，并且利用他们的情绪反应来应对。

成年人不会像孩子那样死板，他们有更好的理解能力和应变能力，这导致了他们的暗示感受性会有一个持续的波动状态。他们已经成型的性特征极少会发生改变，比如从情绪型性特征变为躯体型性特征，但是他们的暗示感受性会在一定程度上发生改变。

接下来的问卷会帮助你测试出你的暗示感受性。再次提醒，不管你得多少分，这个测试无所谓对与错。通过了解你的暗示感受性，你就可以利用这些信息来改善自己的性生活，让你的性生活变得更好。由于了解到这个知识，你就能更好地了解自己，更好地了解伴侣，帮助你们在关系中成长，所以这部分知识和自我催眠技术加在一起就会显得非常有帮助。你之所以成为你，是由你的躯体型暗示感受性和情绪型暗示感受性共同造就的，同样，你的性生活的方向也是由它们来决定的。

在你打分之前，请将两个问卷的问题都回答完。

暗示感受性问卷（一）

问题	选项	
1. 你成年后曾经梦游过吗	是	否
2. 你在十几岁时，如果向父母表达你的感受，你会感觉自然吗	是	否
3. 当你与别人讨论一个有趣的话题时，你会直接看着他们的眼睛和（或）靠近他们吗	是	否
4. 你是否感觉大多数人在第一次见到你时并不会评判你的外表	是	否
5. 在刚认识的团体中，当你主动开始交谈并受到人们的关注时，你会感觉自然吗	是	否
6. 在别人面前和关系亲密的人牵手或拥抱，你会感觉很自然吗	是	否
7. 当有人说感觉到身体温暖时，你也会开始感觉到温暖吗	是	否

问题	选项	
8. 当有人跟你说话时，你有时会思想开小差，甚至因为想着自己应该说什么而没有去听对方正在说什么吗	是	否
9. 你觉得自己通过看或阅读的方式学习比通过听的方式学习能理解得更好吗	是	否
10. 在新的课堂里或演讲现场，你通常会很自然地当众提问吗	是	否
11. 当你表达自己的想法时，你是否会觉得需要将与主题有关的所有细节都叙述清楚才能让别人完全理解	是	否
12. 你喜欢和小孩在一起吗	是	否
13. 当你面对不熟悉的人和环境时，你很容易就能让自己的身体动作自然随意吗	是	否
14. 你是不是更喜欢读小说作品，而不喜欢非小说类的作品	是	否
15. 如果让你想象一下，你正在吸吮一个酸涩多汁的黄色柠檬，你嘴里会产生口水吗	是	否
16. 如果你觉得自己工作出色，值得称赞，当你在他人面前获得称赞时，你会感觉自然吗	是	否
17. 你觉得自己是一个健谈的人吗	是	否
18. 当他人称赞你的身材或外貌时，你会感觉自然吗	是	否

暗示感受性问卷（二）

问题	选项	
1. 你是否曾经在半夜突然醒来，感到身体不能动和（或）不能说话	是	否
2. 小时候，你是否感觉到父母说话的语气、语调比他们实际说的内容更能影响你	是	否
3. 当你的某个亲友与你谈论你也曾经历过的恐惧时，你是否也会有不安或害怕的感觉	是	否
4. 如果你与他人争论，在争论结束后，你还会细想自己本应该说些什么吗	是	否
5. 在别人跟你说话时，你会偶尔因为想起完全无关的事而走神，甚至没有听到对方在说什么吗	是	否
6. 你是否有时渴望因工作出色而被赞扬，但是被赞扬时却又感到尴尬或不自在	是	否

问题	选项	
7. 你常常会担心或害怕不能与初次见面的人顺利交谈吗	是	否
8. 当别人注意你的身体或外貌时，你会感到难为情吗	是	否
9. 如果可以选择的话，你是否会在大部分时间里避免与孩子们在一起	是	否
10. 你会感觉身体动作不够放松随意吗，尤其是在陌生人群与环境中	是	否
11. 与小说相比，你是否更喜欢阅读非小说类作品	是	否
12. 当有人描述一种很苦的味道时，你是否觉得很难体验那种感觉	是	否
13. 你是否总感觉你眼中的自己不如别人眼中的你	是	否
14. 如果有别人在场，你与关系亲密的人接触（牵手、亲吻等）时，会常常感到尴尬或难为情吗	是	否
15. 在陌生的课堂里或演讲现场，在你很希望听到进一步解释而当众提问时，你会感觉不舒服吗	是	否
16. 如果刚认识的人跟你说话时直视着你的眼睛，尤其话题还是关于你，你会感觉到不自在吗	是	否
17. 在刚认识的团体中，当你主动开始交谈并受到人们的关注时，你会感觉不舒服吗	是	否
18. 如果你正处在一段感情关系中，或者与某人关系非常亲近，你是否觉得用言语向他表达你的爱是非常困难或者尴尬的事	是	否

暗示感受性问卷评分说明

1. 计算问卷（一）中答案为"是"的数量。1~2 题每个"是"得 10 分；3~18 题，每个"是"得 5 分；"否"不得分。

2. 问卷（二）以同样的方法打分。

3. 将问卷（一）和问卷（二）的分数相加，得到总分。

4. 在下页的暗示感受性测试评分表的顶部横轴上找到你的总分。

5. 在评分表左边垂直轴的数值中找出你问卷（一）的得分。

暗示感受性测试评分表

问卷（一）分数 + 问卷（二）分数 = 总分数

问卷(一)＼(二)	50	55	60	65	70	75	80	85	90	95	100	105	110	115	120	125	130	135	140	145	150	155	160	165	170	175	180	185	190	195	200
100											100	95	91	87	83	80	77	74	71	69	67	65	63	61	59	57	56	54	53	51	50
95										100	95	90	86	83	79	76	73	70	68	66	63	61	59	58	56	54	53	51	50	49	48
90									100	95	90	86	82	78	75	72	69	67	64	62	60	58	56	55	53	51	50	49	47	46	45
85								100	94	89	85	81	77	74	71	68	65	63	61	59	57	55	53	52	50	49	47	46	45	44	43
80							100	94	89	84	80	76	73	70	67	64	62	59	57	55	53	52	50	48	47	46	44	43	42	41	40
75						100	94	88	83	79	75	71	68	65	63	60	58	56	54	52	50	48	47	45	44	43	42	41	39	38	38
70					100	93	88	82	78	74	70	67	64	61	58	56	54	52	50	48	47	45	44	42	41	40	39	38	37	36	35
65				100	93	87	81	76	72	68	65	62	59	57	54	52	50	48	46	45	43	42	41	39	38	37	36	35	34	33	33
60			100	92	86	80	75	71	67	63	60	57	55	52	50	48	46	44	43	41	40	39	38	36	35	34	33	32	32	31	30
55		100	92	85	79	73	69	65	61	58	55	52	50	48	46	44	42	41	39	38	37	35	34	33	32	31	31	30	29	28	28
50	100	91	83	77	71	67	63	59	56	53	50	48	45	43	42	40	38	37	36	34	33	32	31	30	29	29	28	27	26	26	25
45	90	82	75	69	64	60	56	53	50	47	45	43	41	39	38	36	35	33	32	31	30	29	28	27	26	26	25	24	24	23	23
40	80	73	67	62	57	53	50	47	44	42	40	38	36	35	33	32	31	30	29	28	27	26	25	24	24	23	22	22	21	21	20
35	70	64	58	54	50	47	44	41	39	37	35	33	32	30	29	28	27	26	25	24	23	23	22	21	21	20	19	19	18	18	18
30	60	55	50	46	43	40	38	35	33	32	30	29	27	26	25	24	23	22	21	21	20	19	19	18	18	17	17	16	16	15	15
25	50	45	42	38	36	33	31	29	28	26	25	24	23	22	21	20	19	19	18	17	17	16	16	15	15	14	14	14	13	13	13
20	40	36	33	31	29	27	25	24	22	21	20	19	18	17	17	16	15	15	14	14	13	13	13	12	12	11	11	11	10	10	10
15	30	27	25	23	21	20	19	18	17	16	15	14	14	13	13	12	12	11	11	10	10	10	9	9	9	8	8	8	8	8	8
10	20	18	17	15	14	13	13	12	11	11	10	9	9	9	8	8	8	7	7	7	7	6	6	6	6	6	6	5	5	5	5
5	10	9	8	8	7	7	6	6	6	5	5	5	5	4	4	4	4	4	4	3	3	3	3	3	3	3	3	3	3	3	3
0	0	0	0	0	0	0	0	0	0	0	0	0	0	0	0	0	0	0	0	0	0	0	0	0	0	0	0	0	0	0	0

问卷（一）分数

6. 在评分表中，从问卷（一）的分数处向右画一条水平线，然后从总分处向下画一条垂直线。

7. 两线相交处的单元格中的数值就是你的躯体型暗示感受性的百分比。

8. 用100%减去你的躯体型暗示感受性百分数，就得到你的情绪型暗示感受性百分比。

本章重点

1. 我们每一个人都有特定的"'性'趣打开按钮"，它决定着我们是否被另一个人所吸引。

2. 性特征和暗示感受性这两个不同的方面一起影响着我们所有的关系，也形成了开启我们都能体会到的最愉悦的性爱体验的钥匙。

3. 性特征有两种类型：躯体型性特征和情绪型性特征。大多数人同时拥有这两种性特征，但肯定有所偏重。

4. 躯体型性特征的人习惯向外投射自己的性感，他们对自己的身体感到自信，并且试着引导积极活跃的性生活，因为性生活本身就给他们一种他们所需要的安心的感觉。

5. 情绪型性特征的人对自己的身体不是特别自信，喜欢在交谈中和对方保持一定的距离，而且在谈到性话题时会有脸红或者其他尴尬的表现。

6. 如果你了解自己的性特征，就会理解你与性伴侣在感觉、欲望和其他方面的不同。

7. 暗示感受性事实上是一种防御机制，在我们很小的时候，它保护我们免受被拒绝的痛苦。

3
性与自我催眠

我能说什么呢？我喜欢女人。我是家电部门的销售经理，我必须尽量穿得引人注目。你知道，外表是很重要的，如果女人们认为我是一个穿着不时髦的人，那么当我接近并说服她们买一个音箱、冰箱或者其他什么东西时，她们的态度就会有点冷淡了。

而且，她们也让我"性"趣盎然，你知道当我闻到她们身上的香水味的时候是什么感受吗？你知道当我和她们解释保修单和合同过程中不经意碰到她们时的感受吗？我认为我每一天有一半的时间都在幻想着把她们带到家具部，在那里的一张床上做那件事。我的女朋友对我很满意，因为我总是能做一次又一次。我意思是，难道你不是整天有这些刺激的想法吗？

——成功的销售员克雷格谈论他对性爱的看法

我必须得有那种心情。我是一个制造厂老板的行政秘书，每天都要为老板处理没完没了的细节。我永远都在安排会议、准备航班日程、检查记录，以及其他的在这个职位永远都做不完的工作。

当我回到家的时候，性爱是我脑子里最后考虑的一件事。我想要放松，比如泡个热水澡，就仅仅把我的身体泡在水里面。然后如果能有一个背部的按摩、脖子的按摩就太好了，或者就是靠着我男朋友的肩膀，听听音乐。我知道他可能已经准备好要做爱了，可是我并不总是想要那个，有时候我只想享受一下我们之间亲密的感觉。最后，通常情况下我们会一起上床睡觉，但是性爱对我来说不是第一要紧的事情。如果他要急急忙忙地硬来的话，我就会兴奋不起来。我认为慢慢地、放松地开始性爱是很好的，就像大多数人一样，难道你不这样认为吗？

——安妮谈论开始性爱的方式

两种不同的人，两种不同的性需求。每个人都认为自己在为性爱做准备时所经历的感受是大众的典型感受，但是，每个人的感受都是不一样的。他们分享的是一种为性行为做准备的自我催眠暗示的形式。

自我催眠实际上是一个心理过程，包括把你的注意力集中于某个特定的事物上。

举个例子，还记得你在学校里为考试而学习，害怕考不好的情景吗？你强迫自己集中注意力，下定决心学习通过考试所需要的知识。你知道如果将心思都用在学习上，你是没问题的。所以你集中注意力去干这件事，别的一概不想。考试那天，你又一次紧张害怕了，这次你担心自己不记得那些你下了大功夫去学的知识。当你走进教室，尝试着在心里回想那些知识，然后你又会因为什么都想不起来而惊慌失措。最后，就在你几乎确定自己会失败的时候，你紧张地坐了下来。当你看到考卷的那一刻，所有你认为自己已遗忘的知识点突然又浮现在你的脑海里，你可以集中精力去思考试卷上的问题并且有效率地作答了。

性行为是一种自然的自我催眠的过程，它开始于性幻想阶段，继以一个注意力变得集中且狭窄的过程，直至达到性巅峰或者性高潮。每当我们因为恐惧、内疚、愤怒，或性伴侣的行为不能满足我们的需求等原因打破这种狭窄且集中的注意力时，我们就会在性方面出问题。一旦我们了解了如何更有效地使用这种自然的自我催眠的过程，通常在性行为开始前使用它，以便我们更容易被唤起性欲，那么我们在性方面的问题就会变得很少了，甚至完全没有问题了。

暗示感受性因素

正如你在第 2 章中学到的那样，性欲的强弱会因人而异。躯体型性特征的人比情绪型性特征的人有更强的欲望。很多躯体型性特征的人在早上醒来时和晚上睡觉前都想要享受鱼水之欢，而且只要情况允许的话，他们可以在床上度过所有的时光。

相对应地，一个情绪型性特征的人可能会周期性地对性有强烈的欲望，因此，他可能在 24~72 小时内不会有很热烈的欲望。这并不意味着他是性冷淡，很多情绪型性特征的人都可以像他们的躯体型性特征的伴侣一样享受性爱。只不过，在他的性周期还没有到达高点、性欲不是最强烈的时候，他需要更长时间来缓慢地唤起他的欲望。如果没有伴侣的耐心鼓励，通常情况下，情绪型性特征的人在一周内想要做爱的次数不会超过 3 次。一个躯体型性特征的人，如果懂得其情绪型性特征的伴侣的需求，可以帮助其伴侣增加性活动的频率。然而，就算有了这种帮助，情绪型性特征的人也永远不会有像躯体型性特征的人那样强烈的性欲。

尽管有着这么多的差异，个人的暗示感受性因素仍然在性欲中扮演着最重要的角色。在暗示感受性测试中，你的躯体型暗示感受性的得分越高，你对性爱的欲望就越强。一个低躯体型暗示感受性得分的躯体型性特征的人想要性爱的频率会远低于一个高躯体型暗示感受性得分的情绪型性特征的人。

莱恩是一个极端的躯体型性特征的人，并且躯体型暗示感受性的得分也极高。当他做完第 2 章的测试，他的躯体型性特征和躯体型暗示感受性的百分比都达到了 80%。他来寻求我的帮助的原因是他觉得自己性欲过度，这让他失去了两任妻子和好几个女朋友，还激怒了他经常试图勾引的同事。

莱恩不断地觉察感受着自己的身体感觉。他在高中的时候是一个田径明星，在美国大学生运动会上也取得了好成绩，即使到了 30 岁以后，他仍在坚持长跑，每周都会去参加篮球比赛和其他的体育活动。他不断地关注着自己的体重和健康，时刻觉察着自己身体的感觉，因为他想让自己保持最好的状态。

莱恩在工作上同样非常有热情。他是一家非常成功的公司的承包商，不过他最喜欢去施工现场，和工地上的男男女女一起工作。他告诉我，看着他雇佣的那些女人他就会兴奋。

> 我从来没有想过一个男人能够在性爱方面做得多过火，但我觉得有些地方出了问题。我本来在早上已经和我的妻子做过爱了，但是在午餐时间我又想做了，然后我在回办公室的路上去买食物时，又会对女服务员想入非非。我永远都在寻找目标，但是这些事却没有从前那么有意思了。

现实情况是，莱恩总是处在一种与性有关的自我催眠的状态。他非常容易受暗示，所有信号都能唤起他的欲望。一个女人的身体，一个女人的友好微笑，或者几乎任何事情都会立即让他想到性。由于他属于躯体型暗示感受性，他的第一反应就是立即想和这个女人上床，因此，他就会将他很强的躯体型性特征和一个无止境的自我催眠状态联系起来，在这个催眠状态里，他所关注的只有性。所以，难怪连他自己都认为自己的行为太极端了。

事实上，像莱恩这样的人有很多，而且帮助他们改正问题也非常容易。因为他们正处于一个高暗示感受性状态，处在一个持续不断的性幻想阶段，正如我在第 2 章所描述的那样。他们要做的就是学会，当性欲在不合适的时间出现时，立刻将自己的思想进程调整到一个非性的刺激上。这个过程其实就是他们在使用自我催眠对不合适的性欲进行脱敏，而这样自然的自我催眠状态来自他们自己的高躯体型暗示感受性。由此，他们就可以丢掉这种过于强烈的欲望，和自己的配偶或爱人保持一个更为稳定的关系。

一个情绪型性特征的人同样也可以有非常高的躯体型暗示感受性。

凯伦就是这样一个人，她的问题是，某些人说她是"女色情狂"。她是一家百货商店的会计，她来找我寻求帮助是因为她觉得无法与人建立令人满意的关系。

> 我认为我是一个浪漫主义者，我喜欢看小说里面的女主角被海盗带走或者带去一个非常神秘的城堡这样的情节。我喜欢幻想自己被一个陌生人带着，来一场性爱的约会，而我则会慢慢爱上那个陌生人。那是强奸，不过那就是我想要的东西。

> 当我工作的时候，好像所有的事情都能让我联想到性。我闻到一个男人的古龙香水的气味，就会幻想我若和他在床上会是什么样子。或者有一个同事走过来走过去，当我发现他的领带松开了，或者衬衫有几个扣子没系好，我能看到他的胸的时候，我就会想象他光着身子是什么样子的。

> 如果我去餐馆约会的话，无论我们交谈的内容是怎样的，

我都认为他正在诱惑我。我在吃工作午餐的时候也这么幻想过，我清楚得很，当我们吃完的时候，我已性欲高涨了，并做好了准备，无论是谁第一个提出这个要求，我都会立刻跟他上床。

然而，当我真的和一个男人上床时，虽然我颇有经验，但结果却永远不会很让人满意。或许是他太快了，或者太笨拙、不够体贴，或者……我也不知道是什么原因。他就是不能够满足我的期待，我每次都会感到有点失望。然后我马上就下定决心尽快地再试一次，因为我知道下一个男人会达到我的期望。但是他们从来没有，他们似乎永远不能像我期待的那样好。

凯伦就是典型的情绪型性特征的人，但是她的躯体型暗示感受性评分非常高。同样，她也是处于性幻想阶段，她的大脑一直集中在那些能引起性欲刺激的想法上。她也一直让自己保持自我催眠状态，保持着她持续不断的性欲。

就像许多情绪型性特征的人所面对的问题一样，凯伦需要更慢的躯体上的刺激。虽然她在性幻想阶段已经变得高度兴奋了，但这一事实并不意味着她的身体已经升温或者她已经做好立刻做爱的准备了。她仍需要更缓慢的爱抚的过程，通常，在早期，最好爱抚刺激其远离生殖器的其他身体部位，这样她才能为高潮做好真正的准备。但是由于她的性幻想使她高度兴奋，她有立刻上床做爱的倾向，这样做的结果是她无法得到满足，她会很沮丧，然后，又通过性幻想阶段变得兴奋，想要再试一次。

这种类型的女人经常被称为"女色情狂"，当然，男人也可能会遇到同样的问题。同样，解决方法会涉及对自我催眠状态的察觉，一方面减少持续的性幻想，另一方面学习如何延长爱抚触摸，以满足情绪型性特征的人对性爱的需求。

记住，躯体型性特征的人对爱抚触摸是非常乐意接受的，而情绪型性特征的人则不然。这个规律不会因为高躯体型暗示感受性而改变。然而，具有高躯体型暗示感受性的情绪型性特征的人经常会出现行动太快的问题，这让他们的两性关系不那么令人满意。而高躯体型暗示感受性的躯体型性特征的人则不会有这种问题，这种情况下的暗示感受性仅仅是加强了他们行动的欲望。

注意，男人或女人的性行为的数量（包括自慰和与性伴侣一起的性生活）是由暗示感受性所决定的，但是性行为的质量则是由性特征的需求在性爱过程中被满足的方式所决定的。一个高情绪型暗示感受性的躯体型性特征的人，其性欲最低可能只有一个高躯体型暗示感受性的躯体型性特征的人的 1/3，但是，他们在实际生活中仍有可能享受同样的性爱质量。

暗示感受性是我们学习到的方式，性特征是我们如何运用我们所学的方式。

辨别出某人属于哪种性特征是相当容易的，因为我们所有人都趋向于从事和我们性特征有关的活动。

举例来说，躯体型性特征的男人非常关注他的外表，他可能会喜欢健身，穿那些能突出他外表的衣服，并且以他认为的最有"男人味"的方式来行动。

躯体型性特征的人通常是相当外向的，并且很擅长销售等工作。他经常很积极主动，有侵略性，喜欢指挥别人；但通常不擅长细节，一旦涉及文书工作他就会变得杂乱无章。这种人无论做什么工作，通常都需要一个助理来帮助他处理细节上的问题。

躯体型性特征的女人同样关注她的身体和外貌。正如躯体型性特征的男人那样，她更喜欢跑车，因为那会让她更加引人注意。她也是那种在一个组织里面积极向上晋升的人，直到成为高级管理人员。她会动力十足，销售业绩出色，但她也会缺乏条理。躯体型性特征的女人会精心挑选香水并设计妆容、发型。在那种由别人来处理细节的高级管理层中，她很有可能会获得极大的成功。

无论是躯体型性特征的男人，还是躯体型性特征的女人，当有着高躯体型暗示感受性时，他们会容易被别人姣好或帅气的外表所吸引。当他们参与社交聚会时，他们会寻求微妙的眼神游戏，他们要找的眼神可能暗示着性欲望，或者只是对自己的外表表达赞许。当他们看到异性时，都趋向于看对方的胯部，会在注意对方的其他部位之前，首先注意到对方腰部以下的部位。

这种类型的男人和女人会把性和爱联系起来，他们不是那种随意就与人发生关系并与每位唤起他们性欲的性伴侣坠入爱河的人。他们可能会发生一夜情，但是第二天他们就会对此感到不舒服。如果他们喜欢与这个人在床上的时光，他们就会一次又一次地再去找这个人。对他们来说，一次舒适愉悦的性行为意味着他们坠入爱河了。这段关系对于情绪型性特征的伴侣来说还没有发展到愿意考虑任何形式的承诺的程度，这在情绪型性特征的人看来是不可理解的。躯体型性特征的人坠入了爱河，很容易被任何拒绝所伤害，即使这段关系本来只是一个偶然的体验。如果他们想要不停地打电话给对方，而那个人并没有像他们期望的那样回应的话，他们会受到很严重的伤害。

这个类型的人同样喜欢口头上的有关性隐私的语言。在适当的情况下，一个直接的性前奏会让他们兴奋起来。但是，当这个前奏与保守的行为方式不同时，他们可能会感到不舒服。例如，一个变化性爱方式的建议，如口交，可能就会使他们的性欲冷淡下来。他们更喜欢保守的、直接的性爱方式，通常是"传教士体位"。

与上述情况完全相反的则是情绪型性特征并伴有高情绪型暗

示感受性的人。这种人对性并不是特别感兴趣。他们更需要对方以微妙的诱惑慢慢地将他们引导到性爱上。事实上，躯体型性特征的伴侣应该控制整个关系，通过间接的暗示和微妙的信号（比如在吃晚餐的时候触碰对方的手）逐步引导对方进入理想的状态。然而，一旦性幻想被充分地刺激出来，情绪型性特征并伴有高情绪型暗示感受性的人就会像他们的躯体型性特征的伴侣那样情欲高涨。

情绪型性特征的人经常会解释说他们对性缺乏强烈的兴趣，这件事并不是什么重要的事情，他们反而乐于参与和性完全无关的工作和家庭活动。这并不是说明他们性冷淡，只是因为他们不能像躯体型性特征且有着躯体型暗示感受性的人那样不断地从环境中获得有关性的刺激。在同一个商务会议上，躯体型暗示感受性的人的视觉、嗅觉和听觉都在接收着有关性的信息，而情绪型暗示感受性的人则只会专注于生意上的业务。情绪型性特征的人也是在使用自我催眠来集中注意力，不过他们是把注意力集中在手头的工作上，而不是集中在和现场男女的互动中传达出的性线索上。

情绪型性特征的女人通常会寻找能让她拥有"王座背后的权力"的工作。她会成为一个总经理秘书或行政助理，而不是一个开朗外向、试图领导一个组织的人。她的快乐和能力都来自她对细节的专注。她乐于将想法付诸实践。她可能会有极高的薪水，并且在实际上运作这家公司，虽然这家公司被一个躯体型性特征且有着躯体型暗示感受性的人领导着，但是所有的事情都由她在幕后操控。

情绪型性特征的男人和女人也都可能会从事需要大量耐心来关注细节的工作，比如会计或法律研究。当他们进入一个精英领域，比如政治，他们最终会在幕后掌权。这些人的名字很少出现在报纸上，你也极少能够听到，但他们拥有权力和非常微妙的力量。他们在幕后做着巩固权力的工作，却让别人待在媒体的聚光灯下。

情绪型性特征且有着情绪型暗示感受性的人可能不适合做销售，他们的穿着往往非常保守，因为他们不希望把别人的注意力吸引到自己的身体上来。而且，在一段正在进行的关系中，一周进行 1~2 次性爱最符合他们的正常欲望。当然，如果他们的伴侣善解人意，更频繁地刺激他们、鼓励他们的性幻想，他们的欲望也会变得更强。但是，必须由他们的伴侣主动开启这个变化。

所以我们说，所有的人都在使用自我催眠，要么是"开启"性欲，要么是"关闭"性欲。问题是他们的自我催眠没有按照他们的关系的需求来，他们没有意识到这种潜在控制，没有意识到这也是可以提升他们性爱愉悦感的方法。所以，这是没有方向的自我催眠。

错误的自我催眠会破坏两性关系

行文至此，相信你已明白，我们所有人都在两性关系中运用了自我催眠，只不过有些情侣是在错误地使用它，而且还没有意识到自己的错误行为。

举个例子，有一对夫妇，男的叫马克，女的叫布伦达。两人的年龄都是将近 30 岁，结婚近 3 年。马克是一个大型集团的税法律师，是那种传统的朝九晚五的上班族。布伦达是一家制造厂的销售代表，她为了销售产品，经常出差去参加会议或者探访客户商店。她说：

我不知道哪里出问题了。我们刚刚结婚时每天都会做爱。我经常出差，不过每天晚上我都会给马克打电话，告诉他我回去后想要跟他一起做的所有事情。当我一回来，他就会去机场接我，我们会像小青年那样搂着脖子亲吻，一直到家。然后我会坐在他的腿上，一边吻他一边告诉他我这一周的经历，然后我们就一起倒在床上。

但是，过了一段时间，我不得不停止打任何电话，因为电话费太贵了，老板不给报销那么多，我们也没办法解决这个费用问题。马克还会去机场接我，当我们用我们的方式打完招呼后他还会带我上床，但通常也就这样了。第二天我们可能会再做一次，也可能不做。看起来就像马克的欲望在做一次后就得到满足了，但是我却想要一次又一次地跟他做爱，直到我不得不再次飞走。

有一段时间我认为他在外面有了情妇，我怀疑他公司法务部里跟他一起工作的那几个女人。如果我们和她们一起去参加一个派对，我就会仔细观察他们有没有问题，但是我没有发现任何证据。马克的行为我觉得说不通，看起来就像他已经不再爱我了。

马克看待生活的方式和布伦达完全不同：

我不知道她为什么这么沮丧难过，卡帕斯博士。我崇拜我的妻子，我也为她的成功感到由衷的高兴。我永远都不会对她不忠，因为我再也找不到一个让我这么爱的人了。

我猜布伦达只是不能理解，我们不可能永远在度蜜月。她过着那种全国到处飞的生活，我则尝试着发展一些兴趣爱好，以便在她离开的日子里有事可做。我开始收集邮票，我非常喜欢研究邮票和参加邮票展览。我也试着参加一些临时性的社区活动，想着如果布伦达回家以后我们就一起去参加社区会议。我一直在努力过一种正常的生活，这就意味着我不会每时每刻都想着性。我喜欢我和她之间的性生活。我不明白问题出在哪儿。

在这个案例里，有几个因素在发生作用。

第一个因素是性特征相反的两个人之间天然地吸引，当然，这并不是一个严重的问题。虽然他们的欲望和需求是不一样的，但马克和布伦达都急于让他们的婚姻恢复正常，为了维持这种关系，他们都愿意做出必要的妥协。

第二个因素是他们开始使用人类心灵自然的自我催眠的方式。布伦达在出差的时候，喜欢停留在一个对马克高度兴奋的性幻想阶段。假如她路过一家百货商场，看到在展示的衣服，她就会想，如果是马克穿着这身衣服该有多性感。当她在旅馆房间里睡觉时，她就会幻想如果马克在这里他们会做的那些事情。如果她要在飞机上小睡一下的话，她就会利用睡前的这段时间想着她下飞机后会受到怎样的欢迎，以及再一次碰触马克赤裸的身体的感觉。

然而，马克不想被不断地唤起性欲望。他深知自己不能够将自己的性幻想付诸行动，所以他觉得从精神层面唤起自己的欲望毫无意义。相反，他忙于自己的爱好和工作，将注意力集中于他即将参加的展览会，想象在一个与性无关的环境里，他用手臂揽着布伦达。他故意避开了性幻想阶段，只有在布伦达回来并采取主动的时候，他才开始被唤起欲望。

布伦达回来一天之后仍然保持着高度的性兴奋，因为她总是让自己对性的暗示感受性很高。而马克已经重新调整了自己暗示感受性的方向，所以他一直在想着性以外的事情。过去对抗孤独的机制现在变成了一种自动的退缩。布伦达希望马克可以主动采取行动，因为自从她回来后，每次都是她表现得积极主动，但是，马克并不是这样想的，他需要她的鼓励才能开始他的性幻想阶段，而她却不明白这一点。两个人都认为对方的思维方式和自己是一样的。因此，布伦达认为马克一定是对另一个女人抱有性幻想，而马克则认为布伦达在回来以后会把她的注意力集中在与性无关的事物上。两个人都在等待着对方主动开始，结果却是两人不断地摩擦冲突。

通过了解你的暗示感受性，你可以掌控自己的关系，以提高你性生活的质量；可以用自我催眠来控制你的性兴奋和性高潮；也可以调整你的性生活，让你的性欲望、频率和质量与你的伴侣更加协调。

两种性释放的类型

以"高潮（orgasm）"一词来形容女性的性释放实际上是错误的。大部分女人不会有高潮，但是这并不意味着她们有性问题。事实上，研究人员认为只有 30%~40% 的女性能真正到达那种翻滚的、波浪般的高潮。

造成这种情况的原因是，女人经常达到性巅峰而非性高潮。性巅峰是性刺激感和性兴奋的结尾，它是一种很自然的性行为的结束方式，就像性高潮一样自然。对于那些体验过它的女人来说，它本身就是一种完全的愉悦感。只是与性高潮相比，性巅峰的快感强度和持续时间都要逊色很多，这有可能会让一部分女人有点小小的失望。不过，通过自我催眠来控制感觉，从性巅峰转为性高潮将会变得极为简单。事实上，一个可以达到阴道高潮的女人可以通过自我催眠来实现感觉的转换，从而实现阴蒂高潮。

有些女人既不能达到性高潮，也不能达到性巅峰，这是由过去经验的潜意识控制造成的问题。这种问题经常与过去的管束和负罪感有关，我们在下一章将会详细讨论这个问题。通过自我催眠，这些问题将会被轻而易举地解决，到时你就可以享受一个最饱满、最自然的性满足的释放。

自我催眠与你的暗示感受性

正如你所看到的，自我催眠实际上是你自己的暗示感受性的延伸，它是你用来影响自己的暗示感受性的机制。通过在性爱之前或在性爱期间进入自我催眠的状态，你可以控制你的想法、感受和最终的反应，你将能够消除你的问题，调整自己的反应使之适应你的伴侣，这样你们就会有一个互相满意的关系。

你的暗示感受性的评分并不能"包罗一切"。如果你根据第2章的测试得出你的躯体型暗示感受性是80%，那也并不意味着你对所有的事情都有80%的躯体型暗示感受性。例如，当你走在一个繁忙的城市街道上，各种各样的信息都在争相吸引你的注意力：穿梭在你身边的汽车，在小巷里玩耍的孩子，匆匆忙忙进出办公楼的商务人士，指挥交通的交警，不停闪烁的霓虹灯，墙上的涂鸦，还有其他大量的事情。当然，你在某种程度上注意着这所有的事情，但是你的思想并没有全部集中在上面。当你寻找一个特定的地方的时候，你可能最关注建筑的名称和地址。或者你可能正在关注一些异性，想着带某人去约会（不管你真的打算去搭讪还是只是想象）。或者你正在横穿马路，你全部的注意力都集中于滚滚的车流，注意着哪辆车有可能会碰到你。

每当你进行性行为时，你都在很自然地使用你所拥有的暗示感受性，但即使这样，你还是会分心。例如，当你可能会和某个你认识的人不严肃地发生性关系时，尽管你从小就相信性只是为了结婚和生孩子。刚开始一切似乎都很好，你处于浪漫的心境中，欲望高涨。但是，你突然想起了过去所受的所有教育。在你的头脑中，你知道自己没有做错任何事情，但是早期的潜意识编程突然造成了一些问题。对男人来说，这有可能意味着无法勃起或早泄；对女人来说则意味着阴道不润滑或难以达到性巅峰。

当你处于自我催眠的状态时，你对一切都易受暗示。在这种状态里，你可以主动影响你所有的思维进程和身体反应，可以消除这些潜意识的问题，并且让自己只对有关性爱的积极信息保持暗示感受性。这样，自我催眠就会成为你控制性生活的工具，把你的性生活变成一个尽可能激动人心的、完美而满足的体验。

举个例子，假设你在性幻想阶段迅速地被唤起性欲，这可能是因为你在一段比较长的时间里都在想着你的伴侣，可能是你读了、看了某些东西而处于这个心境，也可能是因为你的伴侣说了什么话或穿了什么衣服。无论它是怎么发生的，现在你已经准备好进入第二阶段，你身体的感觉开始启动了。

对于一些人来说，他们的问题就是他们从性幻想阶段到身体接触阶段的转换过程非常缓慢。这种问题在两种性特征的人中均有发生。转换过程太慢导致伴侣双方都很挫败、很沮丧。

在转换过程中存在问题的人可以在性幻想阶段将自己导入自我催眠的状态，然后，就可以在心灵上创造出享受性爱所需要的身体感觉。当你使用了自我催眠，你就会感觉到体温上升，生殖器区域被碰触时敏感度也会大幅提升。如果一个女人在湿润方面有困难的话，她在自我催眠的帮助下也会更早地湿润起来。你在自我催眠的帮助下提升了你的躯体觉察力，这样你就可以和伴侣同时准备好做爱了。

有性问题的女人也可以使用同样的方式来解决问题。有些女人在有欲望的时候还会伴随着对性交的恐惧，这通常来自她过去受到的教育，比如，在少女时代被教育性爱是肮脏的，还可能会患上疾病，或者性爱是错误的。当这样的女人开始和她爱的男人做爱时，潜意识里的程序就会强迫她去停止。因为这并不是一个有意识的决定，她将这种恐惧转化为控制，结果引起了肌肉紧张，造成男人难以进入，或者导致她无法湿润。这类女人可以在性幻想阶段使用自我催眠，提醒她性行为是很正常的，没有任何错误，并逐步减少过去的教育对她的影响。与此同时，她还可以用一个暗示来让她的身体准备好，暗示是：她会变得很湿润，她的肌肉会放松，她会很享受进入的过程。这样，在过去，当她试图做爱时，让她变成一个无助的受害者的那些行为，现在变成了一种愉悦的享受。她用自我催眠有意识地控制了她的性体验。

自我催眠能够让你创造一个积极的关系，不管有什么问题，你都能创造出你所需要的条件，让你的性生活变得更好。

但是在我们学习那些引导你进入自我催眠状态的方法和解决你的性问题、增强你的性爱愉悦度的技巧之前，让我们先看看很多人都在面临的性问题有哪些。通过了解男人和女人在性爱过程中遇到的典型问题以及它们的成因，你将能够更好地调整你的自我催眠技术来满足你特定的需求。

本章重点

1. 两种不同的人，两种不同的性需求。每个人都认为自己在为性爱做准备时所经历的感受是大众的典型感受，但是，每个人的感受都是不一样的。

2. 性行为是一种自然的自我催眠的过程，它开始于性幻想阶段，继以一个注意力变得集中且狭窄的过程，直至达到性巅峰或者性高潮。

3. 每当我们因为恐惧、内疚、愤怒，或性伴侣的行为不能满足我们的需求等原因打破这种狭窄且集中的注意力时，我们就会在性方面出问题。

4. 个人的暗示感受性因素在性欲中扮演着最重要的角色。在暗示感受性测试中，你的躯体型暗示感受性的得分越高，你对性爱的欲望就越强。

5. 暗示感受性是我们学习到的方式，性特征是我们如何运用我们所学的方式。

6. 男人或女人的性行为的数量是由暗示感受性所决定的，但是性行为的质量则是由性特征的需求在性爱过程中被满足的方式所决定的。

7. 所有的人都在使用自我催眠，要么是"开启"性欲，要么是"关闭"性欲。

8. 女人经常达到性巅峰而非性高潮。与性高潮相比，性巅峰的快感强度和持续时间都要逊色很多。

9. 自我催眠能够让你创造一个积极的关系，让你的性生活变得更好。

4

常见的性问题及其成因

几乎每个人都会遇到无数的性问题，这些问题导致的后果可能是令人心碎的，如让人失去自信或让两个人关系破裂。本章将从咨询师所遇见的频率最高的问题开始探讨，继而研究一些你可能不太了解但对你有所影响的领域。然后，在第 5 章，你会学习自我催眠技术，这些技术能够帮你解决你的问题。

如果你的性生活没有任何问题，本章也会让你对那些影响性生活的因素更有洞察力。在本书的后面部分，将会有一章专门讨论如何改善你的性生活，不管你的性生活是多么令人愉悦，它都还有提升的空间。不管你是刚刚开始全方位探索性生活的年轻人，还是想改善自己性生活的老年人，那一章都会对你有所帮助。

男性常见的性问题

男人和女人都会在过去经历的影响下出现一系列性问题。然而，男人的性问题会更明显一些，因为他们不可能假装勃起。

男人最常见的性问题是早泄，即男人在进入的那一刻就达到高潮，而这时他的伴侣还没有得到满足。

乔治是一位跑长途运输的卡车司机，他倾诉道：

我不知道自己有了啥毛病。我勃起没问题，如果我有问题的话，它应该起不来呀。我在高中的时候是一名足球运动员，我拥有过很多我想要的女孩，实际上我曾和她们有过很棒的性经历。我曾经和女生在她家的客厅里做过，而当时她的父母还在楼上！我也曾经在一辆我买的十手的老雪佛兰汽车的后座上做过；甚至有一天早上，我还在学校一个大礼堂的帘子后面做过。

但最近我一直在很认真地对待一个女人，我们的关系在其他任何方面都是完美的。不过，问题是我几乎一进入就射了。那时间根本不够我做任何事情，所以她从来没有得到过满足，她说没关系，在事后我也曾经尝试用手刺激她，但总归是不一样的。我知道她很沮丧，我也预见到，如果我不能变得更持久一点的话，她很快就会离开我。每一次我想要和她上床，并试图让我勃起得更持久一点的时候，我就会变得更兴奋，就射得更快。

乔治的问题是一个非常普遍且有代表性的问题，虽然引发这个问题的原因有好几个。就乔治而言，他的问题来源于他早期性行为的频率和他发生性行为的方式。

在青少年性行为的经历里基本上没有任何浪漫，他们把欲望行为和爱相混淆，并没有强烈的情感介入。男孩认为一个女孩唤起了他们的性欲，那他就一定是爱上她了。他不知道爱和性之间是有区别的。没有性的爱可能是一种悲惨痛苦的经历，但是没有爱的性却是很容易享受到的愉悦体验。性行为是一种精神上和身体上都能感受到的愉悦体验，这种体验很容易获得。有些人把没有深度情感介入的性行为视为一种禁忌，但是这并不改变性行为本身固有的愉悦感。

像乔治这样频繁在害怕被抓住的情况下发生性关系的男孩，可能会形成一种潜意识的态度：性爱必须快速地享受，否则就可能会有麻烦。这种态度被延续到了他成年后的生活中，而他本人却对此毫无察觉。在青少年时期可能会给他带来麻烦的性行为和成年后的性行为是完全不同的，但是，乔治从来没有做过这种潜意识的转变。

乔治习得的性爱方式也是杂乱无章的。有时候，乔治和他高中时的女友会有足够的前戏，这样他们两个人都可以达到性释放。其他时候，很可能只有乔治一个人得到满足了。在那个年纪，他很少会觉察到性伴侣的真正需求。而女孩也不太可能诉说自己的不满，她那时太过年轻，缺乏经验，以至于对性行为的共享本质知之甚少。

当乔治长大并进入一段更加严肃、更加稳定的关系后，一切都改变了。他有了自己的公寓，再也不用担心被抓住了；性爱变得可以尽兴，关系可以充分享受，而不再仅仅是为了达到高潮。但是，在潜意识里，乔治还是带着那些青春期的恐惧：他必须要快，否则就会被抓住。高潮成为潜意识的首要关注焦点，因为他如果不尽快释放的话，就会有一种在释放之前必须停下来的可能。

事实是，现实早已经发生变化，而他潜意识里的条件设定却没有发生改变。治疗乔治早泄只需要重新给他的潜意识编程，用来延长他的愉悦享受，并确保他可以令他的伴侣得到有效的性释放。

频繁地自慰也可能会导致早泄。通常一个男孩会在自慰时幻想，他可能在幻想他学校里面的一个女孩，或者是他在杂志上看到的某张照片，或者某个电影明星，或者什么别的女性。在他的脑海里，两个人正在做一些他有限的经验所能想象到的前戏。最终，他想象自己在进入的那一刹那高潮了。在他的想象里，他和那个女孩同时获得了非常美妙的愉悦体验。

最终，虽然这个年轻人和一个真正的女人开始了一段非常严肃认真的、持续的关系，但是他的潜意识还处于过去的那种性幻想阶段。他已经将进入和共同性释放联系在一起，但是在现实世界里，进入仅仅是女人性释放的第一个阶段，她需要随后的阴茎的刺激才能获得高潮。这个女人不是他在自慰的日子里幻想的那个女人，然而他还是没有办法改变自己一进入就立即高潮的事实。

这两种类型的早泄都很容易通过类似的程序矫正过来，这涉及潜意识的改变，从而使性行为更符合现实中的两个人的共同需求。

当然，男人的早泄问题还有许多其他的原因。内疚通常是主要原因之一。一个男人在成长过程中被教育说性爱只是为了生孩子，而不是为了快乐；或者一个男孩曾经被告知过婚外的性行为都是错的；或者一个男人和某个"错误"的女人纠缠到一起，例如她的社会背景不合适、宗教背景不合适，或者她不符合其他的一些他在成长过程中相信了的选择结婚伴侣必须符合的标准。

有的时候男人会对性行为感到尴尬，在潜意识里就会试图尽快达到高潮；有的时候可能是他在孩提时期被过度刺激，或者是在进入青春期时完全缺乏性刺激。原因各式各样，不过最终的结果往往都是早泄。

本章提到的所有问题都是很容易理解和纠正的。它们是由于所谓的错误自我催眠而产生的，即你将注意力集中于某些想法或行为，然后不断地重复强化，直到它们成为一个影响你生活的潜意识程序。

要改变是很简单的。例如，在自我催眠的技术中，你需要想出一个关键词，比如"停止"，在你进入伴侣的身体时使用这个关键词，你就可以保持勃起，而不会马上高潮。这样你就能够推迟你的性释放，直到你的伴侣得到满足。你将可以享受性行为带来的感官上的快乐，也可以享受不用再担心让你的伴侣失望的那种情感上的快乐，以及不用再做早泄受害者的那种如释重负的解脱感。

本书中还会提供其他的技术，每种技术都会根据早泄的不同成因而略有差异。不过通过自我催眠，它们都是非常简单且易于学习的。

女性常见的性问题

女性不会早泄，不过她们会在性爱过程中有一个同样让人沮丧的问题——性唤起障碍。这通常意味着她们无法润滑，导致在男人进入的时候很痛，或者阴道肌肉收紧，从而影响男人进入。

很多女人试图通过假装性快感来掩盖她们的问题，事实上她们感到很不舒服。也有一些女人能够润滑，但是无法享受性释放，女人更容易对她们的伴侣隐瞒这种情况。

当男人早泄时，女人承受着和男人同样的压力。她并不会羞辱男人，但是她可能会使男人有极大的挫败感。有的男人坚持要知道女人是否高潮了，他觉得自己对她的幸福快乐负有责任，如果女人说没有的话，他又会愚蠢地觉得自己被羞辱了。

更糟糕的是，男女双方都不了解前文提到的性高潮和性巅峰的区别，这两种均是做爱后的自然的性释放。性巅峰对于很多女人来说是非常正常的性释放，就像性高潮对于其他人那样正常。这种差异与女人的生理功能有关。能达到性高潮的女人和能达到性巅峰的女人都可以享受令人满意的性生活，只有那些不能进行性释放的女人才是有问题的。

即使知道这一切，如果女人不对男人谎称她已经达到高潮，男人也可能会感觉自己受到了很大的羞辱。因此，只要他能进入，她就会趋向于将和他做爱时不能进行性释放的问题隐藏起来。

值得注意的是，有很小一部分女人确实有类似于男人早泄的症状，她们在男人进入的那一刻就会立即达到高潮，然后当男人在她们体内的时候，她们又会被激发起性欲，又会再一次达到性巅峰。这当然不是问题，因为她们没有任何痛苦，也没有破坏她们伴侣的愉悦享受，而且她们经常会在这种情况所带来的多重性高潮中享受到快乐。

这类过早高潮的女人来找治疗师的主要原因是，她们对于自己在性爱中的感受感到紧张不安。她们身体上的感觉随着每一次的性释放而变得更加强烈，她们认为她们的感觉是可以被自己的伴侣看见的，她们对自己的这种自然的强烈感觉感到尴尬害羞。但是，事实上，她们的伴侣并没有察觉到所发生的事，他们的注意力集中在自己进入时的体验上，完全不知道她们的感受。

甚至在前戏、亲吻和爱抚时，这类女人中的一部分就会开始害怕自己达到性巅峰或性高潮，她们认为这一事实会显露在自己的脸上。总之，这是一种非常愉快的内在感受，只是女人们不愿意表露。

虽然无法到达性巅峰和性高潮的问题在情绪型性特征的女人中是最常见的，但是大量的躯体型性特征的女人也无法达到性释放。如果你能达到性巅峰，这不是一个问题。性巅峰是阴蒂的自然反应，对于大多数经历过它的女人来说，这是完全令人满足的，虽然它并不会像有阴道和阴蒂共同参与的性高潮那样带来翻滚的愉悦感。在后文中，你将会学习到在很多情况下将性巅峰变成性高潮的方法。不过达到性巅峰本身并不是问题，只有无法达到性释放才是问题。

女人润滑不够在很多情况下是因为她在性幻想阶段出了问题。这就又和所谓的"信息单位"的概念有关系了。

正如我们在第 1 章提到的那样，性不仅仅是一种身体上的行为，心智在性爱过程中起着主导作用。只有心智在通过性幻想得到足够的刺激之后，你才会产生身体上的反应。

我作为治疗师接触了成千上万的病人，我发现每个人都会有一个超载的临界点。它可能是 1 个信息单位，也可能是 100 个信息单位或更多。每个信息单位都包含着相同的心理思想，并导致了不可避免的生理反应。

举个例子：

假设，一个男人在一个有风的天气里走在街上。他属于那种把女性的腿当作性兴奋剂的人。他一边走着，一边在脑子里想着生意上的事情，但是他对身边发生的所有事都保持着警觉。突然，一阵风吹起路过他身边的一个非常有魅力的年轻女子的裙子，她那匀称的美腿吸引着他的注意力。这种体验在他脑中构成了一个性信息单位，如果这个男人是一个极端的躯体型性特征和极端的躯体型暗示感受性的人（正如第 2 章中所说的那样），在那一刻他就有可能会勃起。而其他的男人则仅仅会觉得这个场景很愉悦。

接下来，这个男人遇到了一个夜总会的广告牌。广告牌上是一个拿着麦克风、穿着紧身衣的美丽女人。她的姿势看起来非常诱人，她看起来非常令人向往。这是将这个男人的心智带进男女关系和性爱的第二个信息单位。

然后，这个男人在一个拐角处碰到了一个非常有吸引力的应召女郎，她试图向他提供服务。她给出了一个明确露骨的性暗示，他拒绝了。然而，当他继续往前走的时候，他会想和他的伴侣做这样的事情。这个思维过程会为他的性幻想阶段加上 1 个或者更多的性信息单位。

最后，这个男人终于到了他的办公室，看到了非常有魅力的接待员，她穿着一件低胸衬衫，没有穿胸罩。当他走近桌子的时候，他能从上往下俯视她的胸部。他可能会想，如果能爱抚她的乳房，那一定会非常舒服。或者他可能会想到他的伴侣的乳房，他很想再次去触摸她。更多的与性有关的信息单位进入他的心智，最终他的性刺激超载了，他勃起了，他的身体可能变得有点发热并兴奋了起来，他想和一个女人上床。他已经从性幻想阶段到了实际的身体接触阶段，即使当时他的性伴侣没有在场，这时他要么自慰，要么集中注意力向自己的大脑输送足够的与工作有关或者与其他某些比较适当的兴趣相关的信息单位来消除他的勃起。

女人也是如此，例如：

假设有一位女高管整天都在参加一个由男性主导的会议，他们一直在讨论新产品的市场策略、本财年的现金流等问题。她总是被有魅力的男人包围着，但是她一次也没有往性上面想，她的大脑一直集中在她手边的工作上。

终于到了休息时间，她去了一个餐馆，一整天的工作累得她精疲力尽，她迫切地想要放松她的头脑，而放松的方式可能是读小说。

这位女高管拿出爱情小说开始读了起来。小说的情节围绕着一位强大的女主角展开，这位女高管觉得这个角色很像她自己。这位女主角被一个英俊、神秘的陌生人给绑架了。他还想跟她上床，他的意图表达得明目张胆，女主角很生气，虽然他对她也有温柔的感觉。

剧情逐渐展开。也许在女主角被侵犯之前出现了一个吃饭喝酒的场景，在整个用餐过程中，当他们交谈和抚摸时，女主角发现自己的愤怒已经变成了欲望。一直以来的"强奸恐惧"变成了她的"强奸幻想"，这个女主角渴望着被轻微地强迫引诱。

这位女高管读到这里，渐渐地被吸引了。她幻想着那位向她做汇报的帅气的初级主管在她去停车场的路上抓住了她。她能想出他的样子、他须后水的气味，她还有其他的大量的性想法。每一个念头和想法，包括书里面的语句，都在她的心智中形成了很多信息单位。

然后，她点的葡萄酒来了。当她小口抿着酒的时候，她想象着一个男人在不停地帮她斟酒以减轻她的矜持。她注意到一个男人正在向她的方向偷瞟，她幻想着他知道她的脑子里正在想什么，现在他正在看她的长相，并同样幻想着她的身体。她沉浸在性幻想中，每一个信息单位都到达她的大脑里，直到她拥有足够的信息单位，身体产生反应。到那时她就会开始湿润，而且没有任何办法阻止这种湿润。

现实是，我们每一个人都有一个性幻想阶段的超载临界点，一旦我们到达这个临界点，就没有任何办法阻止湿润／勃起。到那时，它就是我们意识无法控制的一种行为。然而，有些女人确实逃避性幻想，这通常是很多女人出现问题的开始。

下面我们来看一下艾伦的案例，她是一名药剂师，抱怨自己在做爱时无法润滑。

> 当我晚上回到家的那一刻，我的男朋友就已经准备好开始了。一旦我关上门，他就准备"袭击"我，有的时候他会抱着我到卧室，脱掉我的衣服。当我们到了床上时，我们互相亲吻和爱抚，然后他就再也忍不住了，他迫不及待地进入我，猛插到他射精为止。然后他总是关心我是不是像他一样尽享快乐，我经常告诉他是的。他不知道的是我根本没有润滑，他的动作

也让我感到极为疼痛。

　　我不知道是我有问题还是他有问题。也许我们应该用凡士林或者其他什么东西当作润滑剂，不过那些东西真是太脏了，我会感到我就像半个女人一样。

在这个案例中，艾伦是一个情绪型暗示感受性的人，而她的伴侣则是一个躯体型暗示感受性的人。她整个下午都在数药片和处理处方的问题，从没想到过性爱。她的男朋友则想了相当久的时间了，已经准备好当艾伦回到家的那一刻就带她去床上。为了取悦艾伦，他进行前戏的时间已经超过了他认为的所需要的时间，但是她从来没有被唤起过性欲。

艾伦在性幻想阶段根本没有为她的心智准备足够的信息单位。她在到她男朋友身边之前需要更多地想想性爱，这样，任何额外的与性有关的信息都会让她湿润起来。通过自我催眠，艾伦学会了怎样增加她的性幻想，在她到家之前为自己增加更多的信息单位。然后她的男朋友就可以为她提供她必需的超载了。

艾伦除了性幻想阶段有些问题外，其他的方面没有任何问题。一旦这个问题通过自我催眠解决了，她的湿润就会自然而然地、很愉悦地到来。这是经常会遇到的情况，显然也是一个非常容易纠正的问题。

有时候，性幻想失败的原因不仅仅是过于迫切的爱人不够了解女人们可能需要的心理准备，还有更深的原因。一个女人可能在孩童时期就学习到性幻想是不好的，或者她可能被告知想与性有关的事是错误的。当她成年后，每当她有正常的、健康的性幻想时，她都会感到内疚和有负罪感。因此，她发现自己拒绝使用这个让自己实现性满足的必要机制。同样，使用自我催眠能够纠正这个早期形成的、不正确的条件作用。

超载的概念也解释了为什么有些女人会达到性巅峰而不是性高潮。一旦头脑开始享受性幻想阶段，超载的精神上的性刺激就会引起躯体上的反应，她会湿润，并且阴蒂的感觉会被激发。然后，无论是用手刺激还是男性生殖器插入，阴蒂都会被过度刺激，在这个时候，她就会达到性巅峰。这是非常自然的，尽管它不是有阴道反应参与的性高潮。

有些女人通过刺激让阴蒂超载，而这又反过来刺激了阴道，然后阴道在性交的身体接触阶段也同样超载了，滚动的性高潮迸发了。这也是一种很自然的体验。

因此，我们必须理解，有些女人达到性巅峰是因为她们用阴蒂来处理刺激，而某些女人达到性高潮是因为阴蒂和阴道都参与其中了。由于自我催眠可以训练一个女人在性爱过程中如何控制她感觉的焦点和身体的投入，所以让一个只经历过性巅峰却从未经历过性高潮的女人达到性释放上的转变是可能的。她可以学习将早期的阴蒂刺激的快感转移到阴道区域，使阴蒂和阴道都参与进来，这样性高潮就可以发生了。与由阴蒂引起的性巅峰相比，性高潮是一种更为强烈的感觉，所以很多女人都想学习这种转变方法，以便达到这种全身投入的快感。而另一些女人却很满足于她们的阴蒂引起的性巅峰。二者都是很正常且自然的。

重要的是要记住，很少有女人会注意到性高潮和性巅峰的区别，而男人能了解这个的就更少了。经常问他的性伴侣是否有性高潮的男人实际上是在关心她是否有性释放，他很有可能不知道她只是达到了性巅峰而非性高潮。因此，在一段你想要改善的关系中，早期最好不要简单地解释这些，而要说你享受这种性释放，大部分男人就不会再追问了。

最后，如果你的伴侣没有读过这本书，你可以向他解释性高潮和性巅峰的区别。告诉他你想使用自我催眠来转移感觉，所以这可能需要比他所习惯的正常做爱时间稍微长一点。如果他能理解，虽然你的性释放是性巅峰，但是你在性生活上一直很满足，而现在你在寻求将自己原本很好的性生活变得更好，他就更有可能配合你，而不是感觉自己被冒犯了。

注意：无论你是男人还是女人，永远不要为了达到性高潮而努力地改善你与异性的性生活。所有类似于"必须达到性高潮""性高潮是性生活中唯一的快乐""不能达到性高潮就不是男人""不能达到性高潮就不是完整的女人"的想法都是极具自我毁灭性的。性爱不是一种从性高潮中获得快感的躯体行为，性爱是心理刺激与躯体刺激的结合，其中的每一个因素都会提供给你极大的快乐。

性行为开始于性幻想阶段，这是一种非常愉悦的心理体验，是爱抚你伴侣之前的初步满足。接下来就是身体感受所带来的快乐：嗅觉、触觉、视觉，甚至听觉，因为你的伴侣所说的话可能是非常令人愉悦的，或者是性感的。身体的动作、爱抚、男人进入所带来的感觉都是非常快乐的。这些才是让性爱变得如此让人激动兴奋的原因，你和伴侣应该在身体上和精神上都得到尽情享受。你应该集中注意力于每一个阶段，让自己对这种完全的快乐敞开胸怀。

当你从这个角度看待性的时候，你所体验的一切都是愉悦和有益的。然后你会很自然地用信息单位让你的头脑和身体超载，性释放也会以一种令你情不自禁的、很愉悦的方式到来。但是，如果你一直关注性释放，你在信息单位上所用的注意力就会很少，这样你实际上就有可能因为无法自然地超载而无法达到性释放。你坚持于一直想着性高潮实际上会让你更难以达到性高潮。这就是自我催眠在性爱期间会一直专注于所有的感受和身体感觉的自然转移的原因。例如，一个只能达到性巅峰的女人学习控制她阴蒂的感受并将这种感受转移到她的阴道上。

性高潮也受到"联系定律"的影响，这意味着一个只能达到性巅峰的女人，如果她的多个身体区域同时受到刺激，她就可能变得对性高潮更加敏感。当她接近性巅峰时，通过刺激她身体上的更多给予她快感的区域，她就更有可能发展出"体表涟漪效应"，那就是性高潮。再次强调，这种身体和精神上双重刺激的结合会让你拥有更好的性生活，只要通过一种受控的思想程序就很容易实现，而这种受控的思想程序就是自我催眠。

如果一个女人能感知自己性巅峰来临的时机，她就可以和伴侣一起朝着性高潮努力。在性行为过程中，阴蒂和阴道都会充胀起来。很多女人都能够学会感知自己即将达到性巅峰的时刻，如果伴侣很合作，就将阴茎稍微往后一点，阴道就会接收到刺激。这只需要几秒钟，就足够把这种感觉传递到阴道上来了。当这个程序完成后，性高潮就很有可能会发生。如果你在第一次这样做的时候没有达到性高潮，那说明你还需要再练习一下。

在此期间，对性爱体位和刺激形式的试验可能就十分必要。每个女人的阴蒂区域都有所不同，有些女人阴蒂区域高，有些女人阴蒂区域低。高阴蒂区域可能需要手的刺激才能奏效，阴蒂区域太高的话，阴茎可能不能以有效的角度触及。而低阴蒂区域则更容易被阴茎所触及。对女人来说，通过体位的转换就能有效地提升刺激，通常是让女人在上面。有困难时，结合手的刺激和阴茎插入等将会产生足够的精神上的超载以达到性高潮。再次提醒：要享受性爱每个阶段的全部乐趣，而不是将性高潮作为一种目标，这样才能得到最大限度的快乐。

还要记住很重要的一点：性巅峰对于某些女性来说是性行为的非常自然的结束。虽然有很多女人通过学习可以将性巅峰转化为性高潮，但也有一些女人总是会达到性巅峰，这也很正常。如果你是经常达到性巅峰的女人，并想要学习如何达到性高潮，可以通过本书后面的各种信息进行试验。但是，如果你发现虽然你增强了性生活的乐趣，却还是一直以性巅峰结束，请记住，这不是问题。你可能就是那种以性巅峰结束的女人，就如同以性高潮结束的女人一样，这是一种正常的性释放。

无法达到性巅峰

贾宁是一家娱乐公司的宣传人员，她说：

我没有您所描述的那些问题，卡帕斯博士。

我可以进行性幻想，真的可以很兴奋。我曾经在午休时间读一本性爱小说，然后变得满脸通红，别的女人还喜欢拿这件事来取笑我。

当我的丈夫和我在一起的时候，我们对性的话题无所不谈，他的爱抚简直立刻就让我变得充满性欲了。我变得很湿润，甚至有些时候觉得他插入得不够快。我想要他，我想要享受他，但是什么事情都没有发生。我已经湿漉漉地准备好了，但就是无法达到性释放。

我们以前同居时，我总是会达到性巅峰。但是现在我们结婚了，我却似乎不能像以前那样和他一起享受性爱了。从我的欲望到润滑的能力，每件事都没问题，但不管我们用什么样的体位，不管他将自己的高潮时间推迟多久，我似乎都无法达到性巅峰。

贾宁和我一起讨论了她的背景。在她和她的丈夫亚瑟结婚之前，他们一起同居了近 3 年。他们一起旅行，并且他们的关系相当开放。她继续说道：

我一开始并不想结婚。我的父母已经结婚50年了，他们在高中毕业以后就结婚了，攒钱买了自己的房子，生了一堆孩子，每件事都做得很对，唯一没有做的事情就是彼此相爱。当我出生的时候，他们就像两个陷在一段谁都不想要的关系里的陌生人。他们做爱，一起去别的地方，但是他们也过着分居的生活。我想，假如他们不是觉得离婚是一个禁忌的事儿的话，那么他们好几年前就已经离婚了。

在我成长的过程中，他们总是在谈论婚姻是多么永恒。他们真的相信那一套"无论好坏"的鬼话。我发现，当家里的经济状况变得很坏，或者有一个人生了很重的病时，他们不离不弃，共渡难关。但是当他们的爱情已经停止，他们还在一起，只因为他们认为那是对的。但这只会带来更多的痛苦。

亚瑟和我一起决定，我们不会再犯我父母犯下的错误。我们想看看当我们经历一两次"战争"后关系会变得怎样。我们意识到，那种热烈的躯体上的激情终会消退，我们有可能也会在同一幢房子里过起各自不同的生活。这就是我们决定不结婚的原因，尽管我的父母很生气。他们告诉我，我不应该这样活在罪恶中。他们对我们的不婚大加责难，虽然他们的某些朋友退休后搬到了佛罗里达，变成了寡妇，为了增加自己的社会保险福利，和别人同居在一起也绝不结婚。父母和我们说话的方式一直非常糟糕，直到我们最后结婚，不过，至少我们等到了那个对于我们来说正确的时机。

贾宁在和我交谈以后终于认识到了问题的症结所在。她的问题是非常典型的，她不能达到性释放是因为她在惩罚自己。她对父母在她和亚瑟同居多年期间对她说的话感到内疚，她下意识地觉得自己在做一件非常错误的事情，因为她的父母已经对她"编程"

很多年了。她从未意识到这一点，这就是她无法达到性巅峰的原因，尽管她有着正常的性欲和健康的欲望。

内疚也可能是由其他原因引起的。宗教的教育、同龄群体的压力、陈旧的信念体系（只在意识层面做出改变），还有许多其他方面，都会让人感到内疚。只有理解了这个事实，使用自我催眠重新为你的潜意识编程，这些方面才会被改变。

父母认为和孩子谈论性是一种禁忌。即使是最好的父母也会担心他们的孩子进行性行为，最后以怀孕或疾病收场。父母从不会说性爱的乐趣和极端欲望的自然性。他们从不试着教给孩子足够的知识。孩子如果想背着父母的意愿去尝试性爱，至少应该懂得如何采取预防措施。相反，父母给出了太多的警告，以至于孩子在有正常的性唤起时，或者试图通过自慰来寻求释放时，可能会觉得自己很肮脏。

很多孩子都抗拒父母的态度，于是得出了"负责任的性爱是好的"这样的结论。他们可能会沉迷于婚前性行为，发现它非常愉悦。但是在潜意识里，他们的心智往往会反抗，试图找到某些方式来惩罚自己，因为他们做了那些他们认为禁忌的事情。除非他们能够认清这个事实，并且把这个成熟的想法植入他们的潜意识，否则他们就会成为自己早年所受的教导的牺牲品。这个问题可能在孩子离开家并且从事成人活动很多年后才发生。

有时候，害羞感也会阻碍女人的性释放。有些女孩不喜欢自己的外表，或者感觉自己有哪里不对劲。大部分青少年，无论是男孩还是女孩，都会持续关心自己是否吸引异性。他们可能会对一些男孩或女孩产生嫉妒和羡慕，他们认为那些男孩或女孩代表着他们自己无法代表的一切，这也增加了他们躯体上的自卑感。

所有的这些都会导致成年以后他们会担心，当性伴侣看到他们的真实面目的时候会发生什么。他们可能只想在黑暗的环境里做爱，或者羞于在自己的伴侣面前脱衣服，或者因为其他原因感到尴尬和难为情。这种持续的感觉会破坏他们的性行为，导致那些原本应该发生的自然的愉悦无法发生。

还有一个表现的问题。当某些人第一次做爱时，特别是女人，可能会担心更有经验的伴侣觉得她们不够有吸引力。他们心中有一种执念：因为他们缺乏经验，所以他们的伴侣会觉得无聊，或者不能拥有美好的时光。尽管性爱的前几个阶段都发生了，但是他们很紧张，不能达到性释放，因为他们无法放弃这种执念，去感受当下性爱带来的各种各样的自然感受。当然，自我催眠的应用会消除这种极端的压抑。

有些男人和女人在性幻想方面有很大的困难。他们可能能够描述情绪感受，但是不能描述躯体感受；或者他们可能能够描述身体感觉，但是在讨论自己的情绪时会感到不舒服。他们如果不通过自我催眠或咨询来改变自己，要体验足够的性幻想几乎是不可能的。

他们不能进行性幻想通常是因为他们在成长过程中被教导"性幻想是错误的"。有一些宗教团体认为，对某人有性幻想如同与某人做爱一样是有罪的。我们所有人都可以被他人唤起性欲，这从青春期开始，通常会贯穿我们的一生。有时候，我们会和那个人发生身体上的关系，而更多时候，我们只是远远地看看那个人。这对人类来说是很正常的，但是还是有一些团体会教导说，那些幻想是淫乱的或邪恶的。结果就导致青少年会因为他们的冲动欲望而感到内疚和有罪恶感，当他们成年后，他们已经强迫自己停止了性幻想。没有了性幻想，就不会有任何躯体上的性兴奋。

有些人的成长背景中没有宗教信仰的禁忌，但也有性幻想的问题。有些人的头脑是极端死板的，没有任何想象力，生活是什么样子，他们就接受怎样的生活。当他们有一根香蕉、一个苹果和一个橘子时，他会看这些水果，并纠结如何把这些水果平均分给三个人，因为每个水果都是不一样的。而有想象力的人看到这三个水果，可能会决定做一份水果沙拉，这样每个人都可以平均地分享水果了。

不能够进行性幻想的人通常属于极端的情绪型性特征和极端的情绪型暗示感受性的人，一个极少见的不寻常的组合。如果你是这种人，你可以在自我催眠状态下练习性幻想来改变自己。这个改变可能会比较慢，但是可以成功。

女性的其他性问题

对于一些人来说，性伴侣的需求可能会让他们失去"性"趣。一个人需要用语言来描述他／她的性爱体验和感受，他／她想要讨论性行为，他／她现在的感觉，他／她现在正在做什么，以及极端地描述他／她想做的事情。这样的人会因为这样的谈话而被唤起性欲，这可能是他／她在体验到勃起／湿润等生理变化之前的性幻想中必不可少的一部分。问题在于他／她的伴侣可能会觉得这种谈话会让自己失去"性"趣。

那种在伴侣谈论性爱时感觉到自己难以被唤起性欲或难以保持这种唤起的人，通常从小就认为谈论性是肮脏的、有教养的人是不会说这样的话的、自己应该只和一个有教养的人发生性关系。这种情况的解决方法与之前类似，为了在不抑制伴侣需求的情况下充分享受性爱，需要对过去的条件反射进行脱敏。

也许对某些人来说，性经历中最大的障碍是女性阴道持续感染。有些类型的阴道感染是那些对性行为不熟悉的医生无法解决的。医生会开药，警告女人在感染最严重时会出现的性问题，但是他们无法阻止感染复发。

此类问题可以通过纠正身心障碍来解决。针对这种通常被称为"蜜月病"的问题，防止其复发的一个有效办法是自我催眠。

这种问题被称为"蜜月病"的原因是，女人频繁地变得湿润却不能得到性释放。通常在蜜月期间，新婚夫妇会觉得性爱比其他任何活动都更重要。女人可能在白天和晚上都会非常频繁地湿润，而真正发生的性行为的次数要少于头脑中的欲望引发身体反应的次数，润滑区域在接触到空气时就会引起感染。

高躯体型性特征且有着高躯体型暗示感受性的女人是最有可能受到"蜜月病"困扰的人。她们有强烈的性欲，并频繁地思考着性。她们所读的书、所见的男性、看电视时电视情节的代入都能触发她们的性欲。她们会在精神上受到足够的刺激，让她们超载并引起湿润等躯体反应。而发生这种情况时，她们要么是性伴侣不在身边，要么就是在不能进行性爱的场合。这样的女人每天可能要湿润好几次，但是只进行一次性爱，或者一次都没有。这种情况对于没有恋爱关系的女性来说更加让人心烦，因为她们不能通过正常的做爱过程来清理掉那些润滑液。因此，那些润滑的区域接触到空气后易发生致病微生物感染。

解决这个问题有两种可行的方案。

对于某些女人来说，非常简单，只需要增加她们性活动的次数就好。对于一个有持续恋爱关系和现成性伴侣的女人来说，她可能会发现，略微地增加性活动的次数会重新引导她的思维过程，这样她只有在性爱能够发生的情况下，精神上的性欲才会被激发。

另一些女人则没有这么幸运。她们没有增加自己性活动频率的条件，或者她们发现增加自己的性活动频率不足以控制她们湿润的频率。对于这些女生来说，自我催眠是减少她们性幻想的方法之一。女人们将会学习到如何减少对自己的精神刺激，减少湿润的次数，给感染一个痊愈的机会。她们仍然可以利用性幻想来充分地享受性爱，但是她们在不合适的时候会减少自己的性幻想，从而降低引发感染的湿润的程度。

有些女人会收紧阴道肌肉以阻止男人进入，这是潜意识控制的结果，而潜意识控制是由过去的经验所产生的。

过去的经验可以是多种多样的。比如有些女人不管采用了什么样的避孕措施，依然害怕怀孕。这种恐惧不断累积，直到她们的潜意识主导了性幻想阶段，然后她们就会在男人进入的时候收紧肌肉。

如果一个极端躯体型性特征的女人被她的前任爱人拒绝了，她受到很深的伤害，那么她就很难再被新的伴侣唤起性欲。她在潜意识里非常害怕再次被伤害，所以她收紧阴道的肌肉来保护自己远离她实际上想要的性爱。如果新伴侣不能进入，那么他就不能像前任那样伤害她的感情。她很想要这个新伴侣的事实并不能阻止她的这种反应，除非她完全走出过去的伤害，并能够阻止那些伤害使她产生这样的反应。

过去的伤害也有可能引发她对男人产生极大的愤怒。有时候这种情况发生在被前任拒绝过的女人身上，她想通过拒绝来伤害新的伴侣，而另一些时候，这种愤怒则来自童年时代的虐待、强奸或其他比较极端的糟糕经历。

这种愤怒是没有逻辑的。在这段积极的关系中承受痛苦的男人并不是之前给她带来痛苦的那个，而这个和新伴侣相处有问题的女人还看不清这段新关系的本质。她需要使用自我催眠，这样她就可以将愤怒从大脑中只能对情况做出简单反应的部分转移到能进行逻辑推理的部分。一旦这个问题以这种方式转移了，这个女人就可以正确地看待她的过去和现在的关系，从而让新的关系向前发展。

男性的其他性问题

早泄是男人在性生活中遇到的最主要的问题。而相反的情况，如射精延迟，导致男人无法得到性释放，也是被高频率报告的一个问题。

射精延迟问题存在两种形式。最常见的是男人无法得到性释放。另一种情况是男人可以得到性释放，但是需要很长的时间，以至于他的伴侣都变得麻木、疼痛和无聊了。两个人都会很沮丧，本来是以欢愉和快乐开头的行为突然变成了两人的耐力问题，这让男人极为挫败，也让女人很不愉快。

造成这种问题的原因是多种多样的，表现焦虑是其中最普遍的一个。男人和女人都可能会背负这样的担忧，有时候是因为过去曾被羞辱，有时候则是因为不那么明显的原因。一个孩子在自慰时被人撞见，可能会因此而感到被羞辱。他可能会觉得性是肮脏的，并害怕再去做类似的事。这种恐惧主导了他成年后的潜意识，而表现焦虑则会影响到原本可以发展良好的关系。

在我的治疗师生涯中，我诊疗的性问题并不都是非常严重的。有一次，一位情绪型性特征的男人找到我，抱怨自己阳痿了。我询问了他很多方面的问题，了解到他经常有性高潮，且在性唤起方面也没有问题。然而，他坚持认为自己阳痿，而且他所恐惧的这件事情已经被一位性治疗师确认过了。

经过更深入的询问，我得知，这位男士通常能在高潮之前持续30分钟，这个时间足以让女性达到一次或多次性高潮。而他的妻子是一个极端的躯体型性特征的女人，她喜欢在马拉松式的性爱中度过 1 个小时或者更长的时间。他妻子的要求实际上是过分了，而他肯定没有阳痿。那个做出了他"已经阳痿"的诊断的性治疗师到底是谁呢？是他的妻子！

我必须承认，此时，其中一些问题已经解决了，但并不是通过自我催眠的方法，而是通过一种更不寻常的方法。

最有意思的一个案例是一位高大的、肌肉发达的英俊男子疯狂地要求和我见面，并向我解释说他有性方面的问题，而且他的声音表明他对自己的问题几乎是歇斯底里了。

> 你必须得帮助我，我有很严重的问题，我不能勃起。我和我的女朋友试了又试，但我就是不能勃起。我以前一直能够勃起，不过突然间我就有问题了，你必须尽快见我啊！

看到这个男人那么绝望，我同意在周六见他，而平常我周六是不会去办公室的。我知道，不管是由什么原因引起的，这种失败所引起的情绪反应是毁灭性的，我不能让他受苦。但是，他却没有来见我，反而给我的秘书打了个电话，兴高采烈地讲述了他的变化："我能勃起啦！我不用再看卡帕斯博士了，我能勃起了！"

我的秘书自然很高兴，问他是如何做到的。

他说："这比我想象的要容易，我仅仅是换了一个女朋友而已。"

更严重的问题是对性行为的恐惧，这种恐惧对男人和女人都有影响，虽然对女人的影响更常见一些。通常它是由一段以当事人并不期待的方式结束的爱情故事所引起的。

现今人们的性生活比过去随意得多。

在两个可能永远不会成为长期伴侣的朋友之间，性爱本身就只是一种享受。然而，如果其中一方将性等同于爱，就会导致一个很严重的问题。这一方通常是女人，她会围绕伴侣规划她的整个未来，性行为不断地强化了她的信念——他们两人深深相爱，即使她的伴侣并没有相同的感觉。在真正地完全认清对方的观点之前，双方都各自确定自己的判断。

然后，这段关系结束了，男女双方渐行渐远。其中一方并没有感受到强烈的情绪，他／她已在关系热烈的时候享受了这段关系，然后接受了这段关系从来没有热烈到可以持续下去的事实。

而另一方则受到了很深的伤害，非常愤怒。因为他／她深爱着对方，性行为就是这种深爱的证明，他／她不应该被如此随意地对待。事实上，通常情况下，这个人并不是第一次拥有性伴侣，他／她也不是那种为等待自己完美伴侣而一直保留自己贞操的人。这个人真正在意的是，他／她为对方付出了自己的真心，结果却被抛弃了。这给他／她留下了巨大的愤怒，还有对再次被伤害的恐惧。

有时候从这种关系中走出来的伴侣也会有问题，他／她在上一次关系中被前任伴侣的占有欲压得喘不过气来，以至于他／她害怕对其他人做出承诺。因为害怕过去的经历会重演，他／她无法在一段新的关系里正常发挥自己的性功能。

用于纠正这些问题的自我催眠技术通常来说都是很简单的。大多数情况下，他们需要去视觉化一个关系情景，在这段关系中他们身处一种安全且有能力的情景。虽然他们的问题看起来很严重，但他们会学习到如何再次感受到被问题所掩盖的自信。

造成性问题的另一个常见的原因是：

如果一个人在过去发生过草率的性行为，然后他／她遇到了他／她所认为的完美伴侣，突然之间，他／她所有的性幻想变成了现实，这是一个他／她想要与之共度此生的人。他／她第一次感受到浪漫，而且他／她希望这段关系是独一无二的。在这种情况下，有这种感觉的人（通常是女人）会希望自己还是处子之身。突然之间，他／她对自己有过性行为这件事产生了内疚和负罪感。事实上，他／她过去的性关系是愉悦的、完美的，对于现在来说根本没有任何意义。但是，他／她认为它们突然变得肮脏起来，因为他／她觉得它们根本不应该发生，只有那样，现在的关系才会是完美的，他／她觉得自己过去的行为破坏了现在的关系。

这些情绪使他／她在潜意识里抗拒性爱，导致他／她出现无法达到性高潮、无法湿润、肌肉紧张及其他问题。这些都是自我惩罚的方式，尽管这些自我惩罚并没有理由。

因此，要解决这个问题，理解过去并对这个问题进行脱敏是非常必要的。那些有问题的男人和女人会在自我催眠的状态下学习有逻辑地理解当前的关系。

你可能会遇到各种各样的问题，但是引起它们的原因总是很简单。性爱可以成为，也应该成为人类最愉悦的体验之一。通过运用你在下一章所学到的自我催眠技术，你将能够体验到那种你一直渴望的极强的愉悦感和各种各样的快感。

本章重点

1. 几乎每个人都会遇到无数的性问题，这些性问题导致的后果可能是令人心碎的，如让人失去自信或让两个人关系破裂。

2. 男人最常见的性问题是早泄，治疗早泄只需要重新编程他的潜意识。

3. 大多数问题都是由于错误的自我催眠而产生的，即你集中注意力于某些想法或行为，然后不断地重复强化，直到它们成为一个影响你生活的潜意识程序。

4. 女人最常见的性问题是性唤起障碍。很多女人试图通过假装性快感来掩盖她们的问题。

5. 我们每一个人都有一个性幻想阶段的超载临界点，一旦我们到达这个临界点，就没有任何办法阻止湿润／勃起。

6. 性爱可以成为，也应该成为人类最愉悦的体验之一。通过运用自我催眠技术，你将能够体验到那种你一直渴望的极强的愉悦感和各种各样的快感。

5
自我催眠

　　自我催眠的运用和性之间的关系是极为自然的，也是非常容易学习的。在性爱过程中，你可以在任何想要的时候刻意地把自己置于这个状态。为了获得这种能力，你需要提前练习自我催眠。这个练习必须尽快开始，每天都拿出几分钟来重复练习它，直到它成为你的第二天性。这样，你除了能够掌握这种人类大脑的自然功能之外，还会发现它能让你非常放松。

放松阶段

　　让自己处于一种半舒适的姿势，可以是在一个舒服的椅子上坐正，或者躺在床上，头下垫着枕头。你应该选择一种不会让你睡着的姿势，因为当你感到很放松时，就很容易进入睡眠状态。虽然睡觉并不是什么过错，但是如果你想学会自我催眠技能，就需要在自我催眠的引导过程中保持清醒。你需要保留意识觉察，能够清楚地阐述对自身的暗示。一个完全舒适的姿势，比如平躺在床上，很有可能让你睡着。如果你必须待在床上，可以将头保持在比你的脚高 30 厘米以上的高度。

　　不管采取哪种姿势，你都要脱下鞋子，让空气在脚的周围循环流动。这会让你更加敏感，因为你的脚没有被包裹束缚。

现在让你对自己的身体更加敏感，调整你的身体，直到你感到自己能自由活动，衣服不会太紧，没有任何让你不舒服的限制，你的行动不受任何阻碍。

调整好姿势之后，去感受你的手，这是皮肤电阻变化最大的地方。只要将注意力集中到自己的手上，你就会感觉到有一些生理变化正在发生。

当你舒服地坐着的时候，盯住自己的双手，尝试着去感觉到一些麻刺感或麻木感，就像皮肤内部有什么东西在向外膨胀，试图从皮肤中出来。现在把你的手放到椅子扶手上，继续感受这种感觉。你的手是否感觉到冷或麻木、过度放松、沉重、轻松？挑选一个能最好地描述你当下感受的词汇，并将这种感受与这个词联系起来。将注意力集中在你的手上 3～5 分钟，当你感受到这种感觉越来越强烈的时候，对自己重复说出这个词。比如，你可能说："*我感受到一种冷和麻刺的感觉……一种冷和麻刺的感觉。*"

现在，在"冷"和"麻刺感"两个词汇中选择一个，尽力识别两者中哪个感觉更强烈，你感觉更强烈的这个词将成为你的躯体型关键词。当然，这个词可以是跟你的感觉相联系的任何词汇，我们只是拿"冷"和"麻刺感"举例而已。

一旦你确立了躯体型关键词，轻轻地将你的手放在大腿上，每一次你想到这个躯体型关键词，你就会想起那种感觉。

把注意力集中到你身体的其他部位，依次把注意力转移到你的手臂、肩膀、大腿……一直到你的脚底。每当你想到一个新的部位，就去想一想那个关键词，尝试唤起跟你手上那种感觉相同的感觉。比如，当你把注意力集中在你的脚踝和身体的其他部位的时候，你可能会去想"冷"的感觉。

一旦达到并控制了躯体型关键词的感觉，联系法则就会发挥强大的作用，这意味着，当你说出这个词的时候，你就会感受到自己当初选择这个词时的感觉。这将会帮助你完成自我催眠设定过程中情绪型关键词和知识型关键词的选择。

当生理变化发生时（例如，当你想着"冷"这个词并将注意力集中在身体的某个部位时，你那个部位会感觉到"冷"），你的心智会将它和你的躯体型关键词联系起来，心理效应就开始发生。"你正在控制身体的某个方面"这个事实让你的情绪变得活跃自由，让你的情绪自由表露出来，并引发你的第二个关键词，即情绪型关键词。

在这时，你会对自己说：

> 这种麻刺感引起的放松感经我的脚趾，到我的脚跟，到我的脚踝，进入我的小腿。我感受到我的腿向下沉，这种麻刺感向上蔓延，进入我的大腿和臀部。我觉察到手与大腿之间的接触，这种麻刺感很快向上进入我的手臂。当我感受到我的腹部肌肉放松的时候，我感觉到这种麻刺感慢慢向上转移，并且我觉察到了自己的呼吸。

由于呼吸比身体的其他功能对情绪的改变有更强的影响，它可以用来确立和触发你的情绪型关键词。

专注于你的呼吸，直到你感觉它开始加深，然后试着觉察你的情绪感受，并将这种感受和一些能影响你当下情绪的积极词汇联系在一起。这会增加联系法则的强大效果。

记住，你不想有任何消极的感受或情绪，你应该只用积极的词汇，比如幸福、成功、自信、平静，或任何能让你感到快乐、幸福的词。每当你说这个词的时候，停顿一下，尝试去觉察你能感受到的任何情绪。比如，假设这个词汇是"快乐"，你将它与吸气、胸腔扩张及更多新鲜氧气进入血液的身体感受联系起来，那么，"快乐"就成为你的情绪型关键词。

最后，你需要知识型关键词，这是自我催眠训练中第三个关键词，也是最重要的关键词。然而，这个关键词对所有人来说都一样，即"深沉地催眠性睡着"或"深沉地睡着"。

"睡着"是人类的一项基本需求，是我们自出生之日起就有的条件设定。我们每晚都要臣服于这个条件设定，允许我们的头脑受到抑制，有些时候甚至变得几乎空白，然后进入那个被称为"睡着"的正常逃跑机制中。

你的潜意识往往只能与一个行为状态联系起来，所以每当你将自己置身于这个位置，你的潜意识就假设你要睡着了，你的意识就会允许自己变成无意识，进入正常的睡眠状态。

在这段时间里，你的身体可以得到休息，更重要的是，通过做梦，你的大脑会把那些对你不再有任何价值的思想、创伤、想法、事件全都发泄出去。睡着变成了一种非常强大的知识型条件设定，因为你不能否认这样一个事实：你能够、将要且必须睡觉。你那需要逻辑和理由的知识型暗示感受性也必须对"深沉地睡着"这样的暗示做出反应。

你可以将这个条件利用到自我催眠中，但是需要改变几个因素，因为这几个因素通常会让你进入正常的睡眠状态，只有改变了它们，你才能保持在接受暗示的催眠状态。

第一，改变你身体的姿势，让它不同于你日常睡觉时的姿势。这就是我建议你不要躺在床上的原因，如果你必须在床上，那就让你的头比脚高至少 30 厘米，这样就与你日常睡觉的姿势有所不同。

第二，你要说"深沉地催眠性睡着"或者"深沉地睡着"。因为"深沉"这个词不是你平时睡觉的时候常用的词汇，这更能帮助你把催眠状态和睡眠状态区分开来。

在刚开始的时候，自我催眠技术可能只是将你带进一个非常浅的催眠状态，但是经过多次重复，这些暗示会变得更加自然，你的催眠状态也会加深，你会感觉到自己对这三个关键词（躯体型关键词、情绪型关键词、知识型关键词）有非常强烈的反应。

任何暗示只要重复置入我们的心智，都会很快变成一种习惯或触发机制。我们曾经做过一个关于自动触发机制的形成的实验，来探究一个暗示需要经过怎样频繁的重复才能变成潜意识的一部分。通过实验，我们发现，在催眠状态下，只需要重复 21 次，任何合理置入的条件设定都会成为一个日益强大的触发机制。

在你早期的练习过程中，你可能会发现自己正在经历睡眠的最初阶段，你可能开始感觉到做梦时的快速眼动，甚至会感觉到眼球在眼皮下向上翻动。你应该通过允许你的眼球向上翻动来强化这样的反应，同时重复那个关键词——*深沉地催眠性睡着*。这会强化眼球向上翻和"深沉地催眠性睡着"之间的自然的联系法则。

世界上有许多关于催眠的谣传。

其中之一就是，当你被催眠时——无论是自我催眠还是被他人催眠，你都会失去所有控制和意识觉察。但是，事实根本不是这样的。你可能会惊奇地发现，当你进入催眠状态时，你仍拥有完全的意识。所以，不必担心。处在自我催眠的自然状态中的人通常保持完全的意识觉察，这也是证明你处在催眠状态而非日常睡眠状态的一个依据。

在电视或小说中，被催眠的人看起来好似掉进了一个深邃的、黑暗的旋涡之中，或者听到了某些戏剧化的声音（可能是铃声，可能是雷声），然后世界就似乎变得不一样了。但是，在真正的催眠状态中，所有这些都不可能发生。自我催眠状态只是一种你可以完全控制的自然状态，绝不会产生这样的声音或景象。

在自我催眠时，你能听到周围的一切声音；你能拥有完全的意识觉察，但你可能会有点像你刚醒来和做白日梦时那种感觉。你会感到非常放松，可能有一种超然物外的感觉，你的心智自由飘逸；你的手指或脚趾可能还会有麻木或麻刺的感觉；或者你会感觉到你和周围的环境有点抽离。

你也可能会忘记你想去专注的事情，这不是问题，在这样一个放松的状态下，你的心智自由飘逸是非常自然的。重要的是你要学会自我催眠的技术，并不断练习，让它变成自动的条件反射。

自我催眠设定

假设你的关键词是"麻刺感""快乐""深沉地睡着"。让自己处于一个半舒适的姿势，双手放在大腿上。当你将注意力集中在自己的双手上时，你会感觉到双手上有一种麻刺感。这种麻刺感沿着你的身体向下，进入你的双腿。这种麻刺感一旦到达你的双脚，就会翻转方向。暗示自己这种麻刺感从脚趾到脚跟、脚踝、小腿，到你的双手与双腿的接触区域，然后向上到达你的腹部。

当这种放松的感觉（麻刺感）向上到达你的腹部肌肉和腹腔神经丛，你会开始感觉到它持续向上通过你的手臂。就在此刻，你要把注意力集中到你的呼吸上，专注于呼吸。当这种情况开始发生时，对自己默默说出你的情绪型关键词，按我们举的例子来说，就是"快乐"，这将代表你的情绪状态的设定。

继续觉察你的呼吸，让这种放松的感觉经过你的肩膀、背部，到达颈部肌肉，再经过头皮，到达前额。当这种感觉开始向下穿过你的面部肌肉和下颌肌肉时，你开始感觉眼球在眼皮下有向上翻转的倾向。

当你觉察到眼球向上翻转的感觉时，在脑海里不断重复"**深沉地睡着**"这组词汇，这将强化自然的联系法则。

唤醒程序

在进行下一步之前，了解唤醒程序是非常重要的。它包含了将你带出催眠状态的一系列步骤，这也是催眠暗示中非常重要的部分。

唤醒程序是指创造一个可以把你自己完全带出催眠状态的条件设定。如果没有这个程序的话，你将会在接下来的一段时间里停留在高暗示感受性状态。你不仅会易于接受自己的想法，还会对周围的刺激保持高接受度状态。这就意味着，如果有很多消极负面的想法出现，那么你的行为可能会受到巨大的影响。由于你学习自我催眠是为了拥有一个更加积极的人格和更好的性关系，所以，你一定想要尽力避开所有增加负面想法的可能性。

唤醒程序就是要创造一个可以将你的心智与清醒状态联系到一起的条件设定。最好的方法是从 0 数到 5（0，1，2，3，4，5），并说"**完全清醒**"。

将自己带入催眠状态，再将自己从催眠状态中唤醒，反复几次之后，你就能区分出这两种状态带给你的不同感觉。当然，这在你刚开始学习时可能不会发生，但多次重复之后你肯定会感受到。

当进入催眠状态时，一些人会报告说，他们感到一股刺痛的电流经过他们的前额；另一些人则说，他们感觉到有一种麻木的感觉或平静的感觉。无论你感受到了什么感觉，它们可能跟我上面描述的感觉有很大不同，但是你肯定会感受到一种确切的感觉。

被唤醒之后，你也会感受到一些变化，可能是细微的颤抖或苏醒的警觉。同样，每个人或多或少会有所不同，但每个人都会感受到某些特殊的感觉。这些感受很重要，因为你总是能觉察出自己是否处在自我催眠状态之中。

当你学习自我催眠以改善你的性生活的时候，你可能需要每天都练习。这项练习必须刻意地与你的性生活区分开来。你可能想要通过这项练习来帮助你为性爱做准备，你给自己任何你所渴望的暗示都是合适的。但不管你要如何做，你都需要每天练习自我催眠，理想状态下，每天至少练习 15 分钟。

因为你在练习过程中可能会被打扰，所以，最好独自一人在家时或在某处安静的处所练习自我催眠。但即使你在最佳的环境下，电话也可能会响，也可能有人会来敲门，或者，如果你在室外的话，可能会有人从你身旁经过。在你被打扰的时候，一定要数数将自己唤醒（0，1，2，3，4，5，**完全清醒**）。因为即使你睁开眼睛、来回走动、能觉察到周围正在发生的事情，也并不代表你已经走出催眠状态了。事实上，在被唤醒之前，你对于自己的思想或周围环境中的积极或消极的暗示仍然保持着高接受度状态。更糟糕的是，如果你从新闻、报纸、日常生活中接收到的负面消极的暗示比正面积极的暗示多得多，就会加大你患焦虑或轻度抑郁的风险。

如果你注意到这些情况，记起你还没有将自己带出催眠状态，你可以很容易地修正这个问题：走一遍完整的自我催眠程序，再将自己带出来，记得以"**完全清醒**"作为结束词。

每个人所能达到的暗示感受性的程度都不相同。有一些人反馈说，他们在练习一天后，自我催眠的技能就很娴熟，可以轻松地运用到他们的性生活中了；而有些人则需要一周，甚至需要几个月，才能切实快速地进入催眠状态。然而，每个人都可以改变他的潜意识。这种对于有些人来说可能需要几周时间才能完全掌握的技术，并不是你改善和增强性生活的一个因素。而一旦你能够进入自我催眠状态，能第一次用出我们教你的方法，你将会开始改善你的性生活，你就能够改正你性生活中出现的问题或者创造你的性生活。如果你的性生活已经很好了，那么它将帮助你获得比你想象的更好的性生活。

自我催眠引导完整脚本

现在你已经了解了自我催眠的程序，本节将会向你展示如何执行自我催眠。在下一章，你将会开始学习如何运用自我催眠改善你的性生活，无论你的性生活已经有多好，它总能变得更好。

首先让自己处于一个半舒适的姿势。脱掉鞋子，调整一下身体，直到你感觉自己没有任何阻碍、非常自在，将你的双手放在大腿上，闭上眼睛，你的心智在整个身体中漂移。

将注意力集中在你的双手上，说出你的躯体型关键词，允许自己感受到变化的发生。现在说：

我开始感受到这种身体放松的感觉从我的手开始，到我的大腿，向下经过我的膝盖，再进入我的小腿，向下到我的脚踝、脚、脚趾，直到我的双脚都完全放松下来。

现在我把注意力集中在脚趾的放松上，这种放松的感觉从脚趾移动到我的脚跟，向上到我的脚踝，穿过我的小腿，直到我的膝盖。我感受到这种放松的感觉经过我的大腿，穿过我的臀部，向上经过我的腰部，现在让我的整个下半身都完全放松下来。

我把注意力集中在我腹部肌肉的放松上，我感觉到自己正在放空，正在允许它们变得非常松软、无力、完全放空。我将注意力集中于这种放松的感觉上，让它上升到我的胸部区域，并开始关注自己的呼吸。

现在吸气，对自己说出你的情绪型关键词，并感觉到情绪变化正在发生。

我集中注意力于这种放松的感觉在我的手臂下面移动，到我的背部，包裹我整个背部。当我放松的时候，我感觉到我的背部向下压，并允许这种放松的感觉向上移动，进入我的肩膀。我的肩膀松软、无力，就像一个布娃娃一样，放松下来。

我集中注意力于这种放松的感觉，从我的肩膀到我的颈部，放松我颈部所有的肌肉，每一根神经、每一条纤维和每一个组织，都完全地放松下来。

我集中注意力于这种放松的感觉到我的头部，放松我的整个头部。

放松我面部的所有肌肉，我下颌的肌肉，允许我的嘴巴微微张开，我感觉到有点口干，甚至有种想要吞咽的感觉（这在自我催眠中是很正常的）。

我集中注意力于这种放松的感觉向上到我的眼皮，我的眼球在眼皮下有种向上翻转的趋势。

这时，说出你的知识型关键词。

我集中注意力于这种放松的感觉向上移动到我的头皮，我的前额放松下来，让血液在那里非常自由地流通，离皮肤越来越近。随着每次呼气，我进入更深的放松状态，更深，更深。随着每次吸气，我会迎来这种放松的感觉。随着每次呼气，我完全放松，进入更深、更深的催眠状态，享受当下，享受我进入更深的催眠状态中的每一秒。

我开始感觉到这种内在的平和、平静，我喜欢这种感觉。我将要允许这份内在的平静保留在我的日常生活中，成为我生活的一部分。

现在对你自己重复那三个关键词，并且说：

每当我对自己说这些词的时候，我会进入更深的催眠状态，每一次都会进入比上一次更深的催眠状态。

现在想象你自己站在一个楼梯顶端，向下俯瞰 20 级台阶。

我会从 20 倒数到 0，每数一个数字就代表向下走一级台阶，都将我带入更深的放松状态、更深的自我催眠状态。

现在我开始向下走，20，19，18，17，16，15，14，走得更深，越来越深……13，12，11，10，9，8，走得更深，越来越深……7，6，5，4，3，2，1，现在更深地睡着，走得更深，越来越深……

现在我正在学习控制这种自我催眠的状态，我开始感觉到我有一个超越大多数人的明确优势，我拥有通往自己的潜意识心智的途径，而潜意识心智是人类心智中最强大、最有威力的部分。我可以以我自己最想要的方式感受或存在。

现在我也可以暗示自己，我只接受对我的幸福和自我改善有利的积极思想和建议，我有能力拒绝所有来自他人的消极思想、想法、建议和推论，我正发展出对自己心智和身体更多的控制力。

在过去，每一次我遇到一种状况，都会紧张、不安、心烦、恐惧，但是现在，我发现自己更加放松、更加平静、更加自信、更加相信自己。我拥有的处理状况的能力比以前强大了很多很多。

过一会儿，我将要唤醒自己。我将从 0 数到 5，当我数到

5 的时候，我将会睁开眼睛，完全清醒过来，身体上非常放松，情绪上非常平静、非常平和、非常快乐，精神上非常充沛、非常敏锐，思维非常清晰。接着，我会再次将自己带入催眠状态，强化我这个条件设定，进入更深的自我催眠状态中。

0，1，2，现在，我慢慢地、轻轻地走出催眠状态；3，我感觉到更加清醒、更加放松，就像我已经有了几小时的充足睡眠一样；4，"4" 这个数字让我变得更加警觉，我开始感觉到我的呼吸正在发生改变，眼球也转动起来，几乎就要醒来了；5，我完全清醒过来了，完全清醒，完全清醒。

现在，我让自己处于一个半舒适的姿势，我的双手放在大腿上，集中注意力于我的躯体型关键词，对自己说出来。我感觉到这种身体放松的感觉从我的手上进入大腿，向下到我的膝盖，再到我的小腿，小腿完全放松下来。

我感觉到我腿上的重量正在往下压，这种放松的感觉向下到我的脚踝，进入我的双脚，进入我的脚后跟，然后进入我的脚趾，我的双脚完全放松下来。我集中注意力于这种放松的感觉，它翻转方向，从我的脚趾到我的脚跟，向上穿过我的脚踝，再穿过我的小腿，放松我腿部的每一块肌肉，每一根神经、每一条纤维、每一个组织。允许血液自由地流通，它非常贴近皮肤，毫无压迫和阻碍，因为所有的肌肉和神经都完全放松下来了。

这种放松的感觉穿过我的膝盖，穿过我的大腿，穿过我的臀部，一路向上，到达我的腰部和腹部。我集中注意力于我腹部肌肉的放松上。随着每一次的呼气，我感觉到肌肉更加地放松、更深地放松。

我集中注意力于这种放松的感觉向上到达我的胸部肌肉，我开始关注自己的呼吸，开始觉察我的每一次吸气和呼气，我感觉到自己的身体正随着我每一次的吸气与呼气起伏运动。

当我吸气的时候，我对自己说出我的情绪型关键词（说出那个词），将这个词深深地植入我的心智。并且，我允许这种放松的感觉向上到达我的肩膀，我的肩膀感觉到非常松软、非常无力，我就像一个布娃娃一样。

我感受到我手臂的重量，并且能觉察到我的手臂连接在我的肩膀上。然后，我的肩膀放松下来，我允许自己的手臂也更加放松，我感受到手臂向下沉的重量。

我感受到这种放松的感觉从我的肩膀向下移动，进入我的背部，现在我放松整个背部，让它完全放松下来。这种放松的感觉移动到我的颈部，我放松颈部的每一块肌肉，每一根神经、每一条纤维和每一个组织，完全地放松，我的颈部更深地放松。

我感受到这种放松的感觉向上移动，进入我的头部，从我的下颌和下颌的肌肉开始，我允许我的下颌完全放松，直到我感觉到嘴巴微微张开。我感觉到嘴唇微微发干，很快就有种想要吞咽的冲动。

接下来，我集中注意力于我面部的肌肉，让它们一起放松，这种放松的感觉向上移动到我的眼睛和眼皮。当我开始放松眼皮的时候，感觉到眼球有一种向上翻转的趋势。当这一切发生时，我对自己说出我的最后一个关键词——深沉地睡着，更深、更深地睡着。

这种放松的感觉向上移动到我的额头，我允许这种放松的感觉进入我的头皮，放松整个头皮，允许血液非常自由地流通，非常接近皮肤。

现在，我正在放松我的整个头部，随着这种放松的感觉进入我的全身，从我的脚趾一路向上到我的头部，再从我的头部一路向下到我的脚趾，我感觉到这种平静和愉悦的感觉覆盖着我的全身。随着每次呼气，我会持续进入更深更深的催眠状态，更深地放松。我开始感觉到这种积极的、放松的感觉充满了我的全身。随着我每次吸气，我都会迎来这种放松的感觉。当我呼气的时候，我允许自己进入更深更深的催眠状态，走得更深更深。

过一会儿，我将带自己进入更深的催眠状态。我开始想象自己站在一个楼梯的顶端，向下俯瞰。每数一个数字就代表向下走一级台阶，进入更深更深的催眠状态，更深更深的放松状态。当数到0的时候，我就会进入比以往更深的催眠状态。

现在我开始向下走，20，19，18，17，16，15，14，13，12，11，10，走得更深，更深；9，8，7，6，继续向下；5，4，3，一路向下；2，1，0，更深地睡着，现在，走得更深，更深。

现在，我允许我的心智在整个身体里漂移，我感觉到这种放松的感觉越来越明显。我正在享受当下，当我进入越来越深的催眠状态的时候，我知道我对自己的心智和身体拥有了更多的控制力。我拥有了进入我的潜意识的路径，这是我的心智中最强有力的部分，所以，我可以选择我想要的感觉，我可以成为我想要成为的人。我知道，我的心智能很好地接受那些让我变成我想要成为的人的积极的想法、观念、方向；我知道，我的心智能很好地接受那些让我感觉生活更加美好的积极的想法、观念、方向。每一次我想用这套方法再次进入这个催眠状态时，我都会快速地、完全地、深沉地进入催眠状态。

每一次我都会进入比前一次更深的催眠状态，并感觉到这种条件设定每一天都会变得更加强大。

过一会儿，我将会暗示自己：我将只接受那些对我的幸福和自我改善有利的积极的思想和观念，我也有能力拒绝所有来自他人的消极的思想、观念和推论。每一次我即将处于那种在过去会让我感到紧张、不安、心烦、恐惧的状况时，我都会发现，现在的我变得更加放松、更加平静、更加自信、更加相信自己。我开始更加喜欢自己。

现在，我感觉到这种平和与平静的感觉，我很喜欢这种感觉。我这么喜欢这种感觉，我想要一直保持着这种感觉。没有任何人、任何事可以从我身上带走这种感觉，因为它属于我。这种对自己心智与身体的掌控也属于我。

现在我将要想象我正在看着一个钟表，钟表上的秒针在嘀嗒嘀嗒地走。从数字 12 开始，当它嘀嗒走动时，我开始意识到催眠状态中的每一秒对我而言都代表着好多分钟的平静放松的感觉，在这种平静放松的感觉中，我的心智和身体都会恢复活力、焕发生机，我知道我的心智、身体和人格之间保持着一种和谐。这种和谐的感觉会延伸到我每天的生活中去，我能够更容易、更自然地表达自己，能够说出我想说的话，能够做我想做的事。

过一会儿，我将运用我的唤醒程序，从 0 数到 5。每数一个数字，我都会更加清醒，身体上更加放松，情绪上更加平静、平和、快乐，精神上我会非常敏锐、非常警觉且思维清晰。

现在，我开始唤醒我自己。0，1，2，慢慢地、轻轻地走出来；3，当我清醒的时候，我感觉到更加放松；4，"4"变成了一个令我非常警觉的数字，我开始感受到我的呼吸发生变化，眼动发生。现在，5，完全清醒。完全清醒。完全，完全，完全清醒过来。

本章重点

1. 自我催眠的运用和性之间的关系是极为自然的，也是非常容易学习的。

2. 你需要每天都拿出几分钟来练习自我催眠，直到它成为你的第二天性。

3. 开始自我催眠之前，先让自己处于一种半舒适的姿势，可以是在一个舒服的椅子上坐正，或者躺在床上，头下垫着枕头，让头比脚高 30 厘米以上。一个完全舒适的姿势，比如平躺在床上，很有可能让你睡着。

4. 你要脱下鞋子，让空气在脚的周围循环流动，这会让你更加敏感，因为你的脚没有被包裹束缚。

5. 要试图找出专属于你的三个关键词：躯体型关键词（如麻刺感），情绪型关键词（如快乐），知识型关键词（深沉地睡着）。

6. 在刚开始的时候，自我催眠技术可能只是将你带进一个非常浅的催眠状态，但是经过多次重复，这些暗示会变得更加自然，你的催眠状态也会加深，你会感觉到自己对这三个关键词有非常强烈的反应。

7. 在催眠状态下，只需要重复 21 次，那些合理置入的条件设定会成为一个日益强大的触发机制。

8. 处于自我催眠状态中的人通常能够保持完全的意识觉察，你能听到周围的一切声音，你会感到非常放松，你的心智自由飘逸。

9. 唤醒程序就是要创造一个可以将你的心智与清醒状态联系到一起的条件设定。最好的方法是从 0 数到 5（0，1，2，3，4，5），并说"完全清醒"。

6
通过自我催眠解决性问题

　　自我催眠是你自然的暗示感受性的延伸。正如你在第 4 章中所看到的，过去的问题往往长期埋藏在你潜意识深处，在你和伴侣最亲密的时刻浮现出来，成为障碍。你知道自己渴望性关系，你知道性爱是两个人可以分享的最自然的快乐源泉，但是，由于你早期受到的教育、与异性的不愉快的经历，或者一些其他类似的困难，你出现了问题。

　　在过去的数年间，你已经在某种程度上让你自然的暗示感受性对自己不利。假如你是个男人的话，你潜意识中的一个过去事件会导致你早泄或射精延迟；假如你是个女人的话，这个事件则会导致你无法达到性巅峰或性高潮。通过自我催眠，你将会改变这一点，利用你的暗示感受性来强化生活中的积极信息，而不是消极信息。

　　你们其中的一些人可能在过去的生活中已经尝试过使用意志力（will power）。比如你试着跟一位异性搭讪，脑子里的想法是，只要你足够想要这段感情，你就可以拥有它。然而，尽管你有了这样的决心，总有些事情会出错，例如你对关系破裂后可能带来的情感伤痛的恐惧。

意志力对严重的问题根本不起作用，它只有在最终结果是快乐的情况下，才会对次要的考虑事项有效。

理论上讲，性爱总会带来快乐，因此，意志力应该是一个非常重要的因素。然而，你的潜意识里经常会出现过去让你痛苦或情绪上不舒服的事件，潜意识里你会害怕这段你正在寻求的关系最终也会像以前那样，以同样的拒绝、羞辱、内疚或其他的难题而终结。你意识上的决心不足以克服潜意识的微妙压力，这样，你的意志力就不能起作用了。

你在第 5 章所学到的自我催眠技术将使你达到你的潜意识，并且影响它朝着你的积极目标前进。我们在研究中发现，潜意识的力量比意识的力量要强大 7~9 倍。所以，如果你能改变潜意识的思维进程，你在生活中所发挥的力量将是意识上的决心意志所能发挥的力量的 7~9 倍。

你可能看到过别人经常使用自我催眠来实现他们的其他目标，而不是影响他们的性生活。

举个例子，你在国际比赛中看到过举重运动员吗？在举起一个特别沉重的杠铃之前，举重运动员通常都会闭一会儿眼睛，看似在沉思。如果你能近距离观察，你就会发现，他们的眼睛会有一些类似于你在催眠状态中发生的那样的快速眼动。这些运动员正在做的是短暂的冥想，是在有效地利用他们的潜意识。他们正在运用自我催眠来克服他们意识上对于这个重量的抗拒。

此时，他们的意识头脑可能正在说：

> 我已经下定决心要举起这个重量，它极为沉重，它比我能举起的重量还要重。我昨天晚上没睡多少觉，我从未举起过这么重的重量。每一个观众都在看着我。我不知道自己能不能举

起它，不过我下定决心要举起它。但是它这么沉重，如果我不能举起它，出了洋相怎么办？

当运动员使用冥想或自我催眠，潜意识头脑被触达以后，他们被暗示：

> 我可以举起这个重量，我曾经举起过和这个差不多的重量有10次之多。我需要做的就是举起这个重量1次。我知道当我重复举一个重量10次，我就可以轻松地举起1次比它还重的重量。举起这个重量没什么问题。我将举起它，并且轻松地赢下这个比赛。这将会是一个简单而流畅的动作，观众会为我的胜利而鼓掌。我来啦！

结果这个重量被完美地举起来了。因为所有潜入积极思维方式中的"理性"消极因素，都被比它们强大7~9倍的潜意识动力给消除掉了。

自我催眠实际上就是把你的注意力集中在一个事物上，将所有其他的想法排除掉，然后你就可以挖掘内在资源，去改变你的潜意识编程，克服你生活中的障碍。练习冥想的人和练习渐进式放松的人都是在使用自我催眠，还有其他很多技术，它们有各式各样的名字，但本质上都是在使用自我催眠。自我催眠就是一个受控的思想过程，有了它，你就可以克服对性生活的担忧。

自我催眠中的意识觉察是一个很重要的工具，这意味着你正在开发一种严格受控的程序来修正你的潜意识。这和大部分的冥想是不一样的。你在第5章所学到的自我催眠是一个严格的模式，它对于每个人来说都非常简单、易于使用，更重要的是，随着你的不断练习，你会变得更快进入自我催眠状态。当你学习第5章的时候，你可能每天都要花一些时间来练习自我催眠，练习得越多，你进入自我催眠状态的速度就越快。你将会发现，当你开始把自我催眠应用到性生活中时，你能够在几秒钟内将自己带入催眠状态，你的伴侣也绝不会意识到你的变化。

自我催眠和各式各样的冥想或放松的另一个区别就是，你有一个停止自我催眠的机制或程序。你有一个将自己带入自我催眠状态的固定模式，也有一个将自己带出自我催眠状态的固定模式，这能让你持续控制这段经历，防止任何负面的体验影响你的行动。

有时候你会想要在自我催眠状态中经历性高潮或性巅峰，还有些时候，你使用自我催眠来为性爱做准备，然后在性爱过程中走出催眠状态。无论在什么情况下使用自我催眠，只要记住，即使在自我催眠状态中，你也会拥有意识觉察和控制，你会和伴侣一起体验到充分的性爱感觉，不会在性爱过程中像僵尸一样。你和伴侣将获得同样多的快乐，就像你没有处于自我催眠状态一样，但是你将能够控制那些在过去阻止你充分享受性爱的情境。然后，当你改变了自己的潜意识，不再需要那些只有在自我催眠状态下才能得到的额外暗示时，你就可以在性爱中停止使用自我催眠。你将完全改变，你的意识可以在没有额外支持的情况下给你带来快乐。

在你利用自我催眠做出改变的时候，你也不是必须有一位现成的性伴侣才可以。你可以在开始使用自我催眠时，创造一个潜意识的暗示，而这个暗示会在你拥有一段关系时才会发挥作用。例如，一个有早泄问题的男人可以暗示自己，他将能够比过去延迟2分钟再达到高潮。他将会按照下面学到的格式暗示自己：当他进行性爱时，与他过往的经历比起来，他将会有一个2分钟的延迟。他也会想在真正的性爱前使用自我催眠，但之后这个自我催眠将会加强他先前的暗示，会针对一个特定的女人，而不是一般情况。

早泄

正如我们在第 4 章中所讨论的那样，男人最常遇见的一个性问题就是早泄。有这个问题的男人，几乎在他插入的一刹那就射精了。这意味着他受到了过强的刺激，仅仅一点性交接触就能导致他达到性高潮。如果你有这个问题，你可以用你已经学会的自我催眠来延迟你的性释放。

基本上，你应该暗示自己，在插入的时候，你会感觉到你的阴茎头部有一种麻木的感觉。你要在性爱开始之前给自己这个暗示，可以是在性爱前的几分钟内，比如你在浴室的时候，或者和伴侣上床之前的某个时候。有些男人会在发生性行为的前一天晚上给自己这个暗示，而有些男人则是在 1 个小时之前给自己这个暗示。我有一个客户在酒吧跟一个女人搭讪，在他们一起进入公寓时他给了自己这个暗示。

结了婚的男人以及和伴侣同居的男人更容易操作它。他们可以计划好开始性行为的时间，然后就可以在恰当的时候给自己减轻刺激、延迟高潮的暗示了。

这种麻木的感觉不会影响你的勃起，也不会影响你给伴侣带来快感，它只会减少刺激以确保你延迟射精时间，直到你能够有意识地利用关键词做出改变。你的暗示起到了延迟的作用，然后你说出那个词语，可以是你想要的任何词语，它将会恢复你的所有感受，并导致你射精。

例如，你可能在进入自我催眠后做出以下暗示：

当我插入的时候，我的阴茎头部会感受到一种麻木的感觉。

这种麻木的感觉将会一直持续，直到我向自己说出"射精"这个词。当我说出这个词时，这种麻木的感觉将会消失，而刺激的感觉就会达到极限，我会感觉到自己准备射精了。

你要多次练习这个自我催眠暗示，有些男人喜欢一天重复这个暗示两次，在进行性爱之前也会简单地重复一次。他们可能会在早上起床的时候重复一次，晚上睡觉前再重复一次。练习得越多，就能越深层地改变你的潜意识心智。重复多次之后，你控制自己性释放的能力就会变成自动的了，这时候你的潜意识已经被改变了。

在前面的章节中，你已经了解到自己是躯体型性特征还是情绪型性特征了。你暗示自己的方式需要依据你的性特征类型而稍做改变。与情绪型性特征的男人相比，躯体型性特征的男人在暗示时更需要避免增加刺激。

躯体型性特征的男人进入自我催眠状态后，想着他的伴侣，会暗示自己：

下一次我和玛丽（伴侣的名字）进行性爱时，在进入的那一刻，我就会感觉到在我的阴茎头部有一种麻木的感觉。虽然我阴茎的其他部分仍然会感受到刺激，但是我的阴茎头部只会感受到麻木的感觉，直到我说出"射精"这个词。当我说出"射精"这个词，这种麻木的感觉会消失，而我将会射精。

在这个过程中，躯体型性特征的男人不要使用任何视觉化的技术，只简单地对自己进行暗示就可以了。

如果你是一个情绪型性特征的男人，你要在自我催眠状态中向自己做出同样的暗示，同时还要视觉化这个性爱的场景。你要在脑海里想象你和伴侣在一起时的图像，激发起你的欲望，然后进入她，直到你说出那个关键词才会射精。这一切都必须在你的脑海中幻想一遍。

两种不同性特征的男人在自我催眠时使用不同方式的原因在于，躯体型性特征的男人如果使用视觉化技术，会增加对他的刺激，这样非但解决不了问题，他还会因为受到过度刺激而增加早泄的可能性。而情绪型性特征的男人需要使用视觉化技术，这是为了增强他对潜意识的暗示，但是这种方法不会增加他受刺激的程度。

关于阴茎麻木的另一种暗示方式是明确指定一段时间。有些男人发现如果把射精的时间精确描述一下，他们就更容易做到延迟射精。他们暗示自己，他们将在插入后 2 分钟之内持续地感受到麻木感，2 分钟过后，麻木感会消失，他们会感受到增强的刺激，然后说出自己的关键词。他们将会重复这个暗示，直到 2 分钟的过程自然而然地完成。

接下来，他们会在 2 分钟的基础上增加更多的时间。新的暗示是，这种麻木的感觉会保持 3 分钟，然后可能会增加到 4 分钟或 5 分钟。在前一个暗示成功实现之后，逐渐地增加时间。这对于那些有着严重早泄问题的男人来说是最为有效的，因为他的高潮来得如此之快，逐渐地增加时间可能是最佳方案。

在性爱过程中，你不要担心是否能满足你的性伴侣。有些男人想要暗示自己：在女人达到性巅峰或性高潮之前，他们不会进行性释放。这需要他们对性高潮有太多的觉察，会影响他们对性爱的愉悦感受，这也要求他们时刻注意女人何时达到性巅峰，但这可能并不现实。他们可能会问自己的伴侣，不过她们有可能会说谎，或者说出的实话会让他们沮丧。

将注意力集中于学习如何延长射精前的做爱时间，并慢慢地让这个时间越来越长。做到这一点之后，你就能够坚持足够长的时间给双方带来多种多样的性爱快感。并且，正如你在前面章节所学到的，当你们互相刺激时，信息单位就会超载，性高潮和性巅峰就会自动到来。必须承认的是，这意味着你的性伴侣一开始可能并没有得到满足。你可能正在努力地延迟射精，但是你还没有延迟到足够的时间。然而，你正在努力地增加延迟时间，这个问题——如果它存在的话——将只持续几天时间，然后你就会痊愈，再也不用有这种困扰了。

注意：你通过自我催眠来实现的这些改变都是永久的改变。你正在修改你的潜意识，也在和过去多年的负面思想做斗争，所以，经常使用自我催眠来强化你的新的暗示是非常明智的。你对这些问题所做的强化练习越多，你的潜意识就会变得越强大。因此，我总是告诉我的患者，即使改变看起来已经是永久的了，但如果他每进行大约 10 次性爱，就再使用 1 次自我催眠技术会非常有帮助。这种每进行 10 次性爱做 1 次自我催眠的方法能持续不断地强化潜意识。几周之后，你就不用再针对这个问题进行自我催眠了，因为这个问题已经不存在了。只有在担心这个问题可能会重新回来的时候，你才需要再次使用自我催眠。

无法达到性释放的女人

有些女人在性爱过程中无法达到性高潮或性巅峰，这是治疗师最常遇到的一个问题，这个问题也很容易通过自我催眠的暗示来修正解决。

无法达到性释放的女人——记住，我们是在讨论那些无法获得性高潮或性巅峰的女人——需要强化她的性幻想。她需要用性信息单位来使她的头脑超载，这样她的身体才会产生反应。如果你有这个问题，你需要分阶段地治疗自己。最开始就是增加你精神上的性刺激，一旦被唤起欲望，你就需要增加自己躯体上的感觉。正如我前面强调过的，如果你能享受性爱的刺激，这种愉悦感就会导致信息单位超载，最终导致性高潮或性巅峰。但如果只关注性高潮或性巅峰，你会变得太过紧张，以至于无法享受那些身体上的刺激，这会阻止信息单位超载，极大地延迟或阻止你达到性高潮。所以这个练习是为了帮助你享受性爱，而性爱总是会将你导向性巅峰或性高潮。

最开始，我想让你在催眠状态下应用性幻想。

你要做的事在一开始可能看起来有些奇怪。你将要幻想能唤起你欲望的任何人和事，不要介意他是不是你的伴侣，也不要介意那些事情是你在生活中可能永远不会去做的。最重要的是，你正在使用这个过程学习性幻想阶段的超载，你将用大脑创造出一个情境来增强你身体的欲望。

你可能是那种从小就认为性幻想是错误的女人，或者，你可能被告知"某些特定类型的幻想对于好女孩来说是不应该有的"，你也可能被教导说，"除了繁衍后代之外，所有性行为都是错误的"，那么，在开始修正你性幻想阶段的问题之前，下面的方法可以帮助你脱敏。

进入自我催眠状态，然后，对自己说一些关于性爱的积极话语，例如：

> 性爱是两个成年人之间非常自然的行为。性爱是非常愉悦的。我将享受被 ×× （伴侣的名字，如果你现阶段没有伴侣的话，就用"一个我觉得特别的男人"之类的话替代）唤起欲望

的过程。我们在一起的任何时候都能够享受性爱。性爱是自然的。性爱是有乐趣的。性爱对于我来说是正确而正当的。

不管你选择说什么，都只是为了让你对过去脱敏。

为了增强你的性欲，不管你是躯体型性特征的女人还是情绪型性特征的女人，你都需要运用视觉化。你可以开始在脑海中想象你与一个男人在床上，如果你对此感到舒适的话。如果你需要脱敏，通常要从两个人都穿戴整齐开始想象。你可能远远地看着这个男人，欣赏他帅气的外貌，然后他会越来越靠近，然后你们会相互爱抚对方，也可能亲吻对方。在视觉化中，每次向前一步，直到你可以幻想自己变得一丝不挂并且渴望着他的身体。

一旦完成脱敏（假设你需要），你应该专注于改变自己的潜意识，这些改变将会引导你达到性高潮或性巅峰。从性幻想阶段开始，你可以幻想任何你想要的人。

我的很多女性患者喜欢幻想别人而不是她的配偶，可能是某个电影明星、某个政治家、某个体育明星，甚至可能是某个让她们感觉到兴奋刺激的熟人。如果是某个电影明星的话，通常是以某个特定的电影角色出现的。这种幻想并不意味着她们想换一个伴侣，她们只是在用性幻想来增强刺激，这是绝对健康的。你不会真的把你的性幻想变成现实，而且很有可能你在现实中也不想这么做。然而，性幻想的确会增加性刺激，这才是你当下最该关心的事情。

哈丽雅特告诉我她喜欢幻想和演员波特·雷诺兹在一起。

我幻想着他在一个超市里看见了我，然后跟随我回到了家里。他知道我已经结婚了，不过他觉得那无所谓。他必须占有我，甚至以他的事业为代价也在所不惜。在我的幻想里，他一直等到我的丈夫去工作了，然后他敲了我的门，当我打开门，他向我表达了他对我的永不熄灭的爱意。

我震惊了。我将他请到屋子里面来，因为我不知道如果邻居们在我的门前看到了波特·雷诺兹他们会怎么想。我告诉他我已经结婚了，而且我对我的丈夫忠贞不渝。然后他用亲吻堵住了我的抗议，把我扛进卧室里面。我试着反抗，但是他的亲吻让我感到无力。他温柔地脱下我的衣服，我再也无法抵抗。我们一起到了床上，我也不由自主地被激发起了欲望。然后他进入了我，给了我一场我从未享受过的体验。

安妮则有不同的性幻想。她想象两个男人在为她决斗，两个人都想拥有她。有时候她会选择其中一个，而其他时候她会幻想着和两个男人同时上床，每一个都试图胜过另一个来使她变得更有欲望。

琳达的幻想则是，她和男朋友在看一个牛仔竞技表演时，一个牛仔用套索套住了她，将她放在马背上，跑到了一个大牧场，谁都找不到他们。他温柔地将她绑在床上，然后抚摸她的身体，直到她再也忍受不住。当他给她松绑的时候，他们激情地拥抱在一起，然后他进入了她。

有的女人对微妙的接触有非常简单的幻想，比如一个男人在餐馆遇见了她，给她买了杯酒，做一些纯洁但很明显的动作来告诉她：他非常兴奋。也有的女人会幻想和她的老板或雇员关系暧昧。如果有温柔的强奸幻想，有的女人会把自己想象成施暴者，而被施暴者总是很无助，但总是很有欲望，渴望被继续施暴。她可能只和一个性伴侣在一起，也可能在狂欢派对上和一群人在一起。

要解决女人无法达到性释放的问题，需要 3 个步骤。

第一步就是进入自我催眠状态，让性幻想自由驰骋。正如你前面所看到的，你的性幻想是什么并不重要，任何有效的性幻想都是很好的。如果你有关于过去的情绪反应的任何烦恼，那么你应该像前面描述的那样让自己脱敏。最重要的是你要持续自己的性幻想。

第二步，你应该开始去感觉自己的身体对于你创造的性幻想的反应。再次进入自我催眠状态，这一次在继续进行性幻想的同时，也试着去想你的身体，去体验你的性幻想，并让你的思想漂移到身体上。你的身体变得更加温暖了吗？你的心跳频率改变了吗？你变得湿润或感觉到有任何冲动了吗？去想象你身体的反应，并且最大限度地从你的性幻想里体验身体上的感受。然后再回到性幻想中，按照你选择的方式想象性爱。最后将你自己带出自我催眠状态，这样你就可以进行正常的活动了。

重复这个过程几次，直到你可以持续地感受到身体上的变化。这个方法永远都是同样的模式：进入自我催眠状态，体验性幻想，把性幻想转变为你对身体反应的觉察，再次回到性幻想，然后让自己完全清醒过来。

一旦能够保持住这种持续性，你就应该在一个可控的环境中增强躯体上的感觉。达到此目的的最简单的方法就是进入一个装满温水的浴缸。水的温暖会包裹你，提高你身体的温度，给你愉悦的身体感受，并且影响到你的生殖器。

在你独处时，进入浴缸。当你浸泡在这舒适温暖的水中时，再次将自己带入自我催眠状态。享受任何可以引起你性欲的性幻想，然后开始觉察你的身体，感受水在你的生殖器区域周围流动。水和水的流动会增强你因性幻想带来的身体感觉。在感受水的同时继续进行性幻想，你的性幻想加上水的碰触会制造出更多的信息单位，它们都会进入你的大脑。你会有非常强烈的性幻想和不受你控制的刺激感，这些会创造出一个比以往更加愉悦的体验，直到你获得自然的性高潮或性巅峰。

记住，你不必担心自己是否能够获得性高潮或性巅峰，它最终会来的，这不是你能够控制的事情。你所要做的事情就是结合性幻想和对水的感觉来增强你的精神上和躯体上的刺激和自我觉察。你越这么做，越能自然地激发起性欲。在某个时刻——也许是在你的第一次、第五次，或者其他的任何时刻——你会达到那个愉悦的、自然的性巅峰。它的到来不受你的控制，它只是感觉超载的结果。

第三步，可以与你的性伴侣一起享受。你们两个可以同时进入浴缸，他也可以在浴缸外面，在你进行性幻想的时候轻轻地抚摸你。伴侣给你的刺激可以加强温水给你的刺激，进一步增加进入你大脑的信息单位。

在你进入自我催眠状态后，开始和你的伴侣做爱。利用你对你渴望的一个人或一群人的性幻想，你需要让尽可能多的与性有关的信息进入你的大脑。当你的伴侣在前戏阶段爱抚你的时候，你的性幻想将创造出感觉。

在前戏阶段，睁开你的眼睛，开始察觉你的性伴侣，享受他正在做的事情，如果你愿意的话，将他也纳入你的性幻想中。有的女人只是单纯地享受正在发生的事情，还有的女人则是持续地觉察她的伴侣，但是在她的性幻想中却包含着他此刻没有做的动作。她可能会幻想，他强迫她进入卧室，准备温柔地强奸她，他将要进入她；或者她会幻想他是几个男人中的一个，这几个男人互相争斗来讨得她的喜欢，而他则是那个胜利者，并且现在就要占有他的奖品。有多少女人，就会有多少种不同的性幻想。重要的是，这次的性幻想需要指向你的性伴侣。

试着享受你能感受到的所有的躯体体验，你的这些性幻想会帮助触发你身体上的觉察。你有现实中的性伴侣，也有因为性幻想而加强了的性伴侣的抚摸给你带来的躯体感觉。在这种体验中，或者以这种方式尝试 2~3 次之后，你会发现自己自然地达到了性巅峰或性高潮。这将会完全自动地发生，而不会受意识的控制。你只是简单地享受性幻想和性伴侣的触摸带来的全部快感，将注意力集中于自己的体验，不要设定任何特定的目标。享受你的男人，享受他对你的爱意和你所做的事情带来的全部感觉，你会发现性高潮或性巅峰会不期而至。

重复这个练习 3~4 次，你就可以舒适而连续地达到性巅峰或性高潮。然后试着在不进入催眠状态的情况下做爱。放松并享受它，注意体验你的性伴侣的抚摸。当你准备做爱时，如果你愿意，你仍然可以幻想。性幻想永远都是性爱中重要的前奏，并且要和你在自我催眠状态中所做的完全不同，即你要在自我催眠状态之外进行性幻想。

通常情况下，你能够继续达到性高潮或性巅峰。第一次在自我催眠状态之外进行性行为时，你可能会有一点点紧张，不过这种紧张在你重复 1~2 次在自我催眠状态之外的性行为后即可自然缓解。假如还有某些问题的话（这种可能性很小很小），那就再回到自我催眠状态，去体验那种愉悦的感受，并按照上面的方法再练习几次，然后再次在自我催眠状态之外去尝试。我发现，在几乎所有的案例中，如果有患者需要进行第二次自我催眠，那么第二次自我催眠会使之前的感觉足够强化，从而不需要再进行第三次自我催眠了。但是，如果你发现有必要进行第三次自我催眠，或者你想要通过"每 10 次或 10 次以上性行为就使用一次自我催眠"

这种周期性的催眠加强你潜意识的改变，当然也很好。

女人无法达到性高潮或性巅峰的原因还有一种，那就是愤怒或内疚。

举个例子，一个女人本来很喜欢和男人做爱，但这个男人突然为了其他女人而离开了她，这可能会激发起她对男人普遍的、巨大的愤怒。她不仅为自己受到的不公平待遇感到难过，而且也害怕再次受到那样的伤害。即使她已经湿润了或似乎已经为性爱做好了准备，也不想冒险与另一个男人愉快地发生性关系，因为她害怕被再次伤害。在这种情况下，即使她已经湿润了，或者她的性伴侣在他们两个都非常舒适的情况下进入了她，她也无法达到性释放。这是一种潜意识的控制。

显然，她现在的性伴侣并不是先前那个行为不检的男人。同样明显的是，这个非常愤怒的女人真心地想要拥有一段关系，但她又害怕重复上一次的遭遇。她虽然在理智上知道这次的情况和上次不同，但是在通过前文的方法有效地达到性释放之前，她必须先改变她的潜意识的控制。

如果你也有这种问题，解决它的最简单的方法就是进入自我催眠的状态，视觉化你现在的性伴侣，然后根据你过去的情况，说出那些对你有帮助的积极暗示。

例如，你可以在视觉化的过程中说：

> 我想要和这个男人做爱。这个男人让我很兴奋，和这个男人做爱是非常好的体验。这个男人将会带给我快乐，我将会喜欢和这个男人做爱，和他做爱对于我来说是一件非常正当的事情。我和他一起享受快感是正确的、愉悦的，我感觉到性爱是非常自然的。

还有一些有帮助的暗示，如：

> 性爱是一种自然的体验，所有的男人和女人都喜欢性爱。它是一种令人非常愉悦的行为。它是一种非常自然的行为。我将像其他所有人一样享受性爱，因为性爱是一种好的体验，一种正当的体验，一种男女之间自然的、愉悦的表达。

通常情况下，视觉化性伴侣对于情绪型性特征的女人是最好的方法；而躯体型性特征的女人只需要说出那些有逻辑的暗示就可以了，她并不需要增加视觉化，因为她在无须视觉化的情况下就可以接受这些积极的信念。情绪型性特征的人则需要视觉化带来更多的刺激，以帮助这些积极信念起作用。但是，如果有需要的话，两种性特征的女人都可以使用视觉化，因为视觉化确实对增强欲望有所帮助。

你给自己的都是积极的暗示，无须尝试去分析你的愤怒或内疚，你只需要认识到，你和这个男人的关系是崭新的，而且你没有让过去的行为把你控制住。

有时候可能会存在一些更严重的关系问题，比如你对现任性伴侣感到非常愤怒，通常表现为你不够润滑，这与上述的无法达到性释放有些不同，所以，解决这个问题的脱敏技术会在本章的"润滑困难"部分讨论。

射精延迟

射精延迟通常是由内疚感或其他一些情感问题引发的性问题。有这个问题的男人很明显受到了刺激，否则他就不会勃起了。插入没有问题，但是插入之后发生了一些问题，导致他对女性给予他的刺激脱敏了。为了解决这个问题，最重要的就是增强他躯体上的感觉，并且消除那些妨碍他尽情享受性爱的情绪问题。

如果你是一个躯体型性特征的男人，你会希望自己有能力去解决真正的情绪问题。那些被压抑的情绪（通常包括内疚感）必须得到纠正，这需要启动大脑中处理情绪的部分，因为大脑实际上是按照功能划分的，右脑掌管情绪，左脑掌管逻辑推理。如果你爱上了一个人，并被她的外貌激发起情欲，你想与她共度余生，因为她实在是太漂亮了，她让你很兴奋，这时你用的是右脑。你的反应完全是情绪化的，并且都是基于本能和感觉，而不是逻辑。然而，如果在把这些想法付诸行动之前、在做出承诺之前，你坐下来衡量她的个人品质、她的智力以及你们共同的兴趣爱好、职业上可能发生的冲突、长期的目标，等等，你就用到了左脑。当你在催眠状态下采取了一个躯体动作时，它可以让你更容易触达你的情绪。最简单的躯体动作就是绷紧你想要触及的大脑半球的对侧的那只手。在自我催眠状态下握紧你的左拳能让你更容易感受到右脑的变化，右脑正是掌管情绪的区域；握紧你的右拳可以让你左脑的逻辑推理活跃起来。我知道这听起来有点匪夷所思，但是它确实有效。

射精延迟通常是由一些潜意识里的内疚感引起的。这可能涉及宗教背景和家庭教育中关于性的教育（除了繁衍后代以外，任何目的的性行为都是错误的——这是在童年时期经常被灌输的信息，并深深地印刻在你的潜意识中，直到成年时期），也可能涉及在性爱过程中令人沮丧的情感体验。通过进入自我催眠状态并握紧左拳，任何你正在努力改变的由情感引发的问题，都会被更容易地解决。

躯体型性特征的男人应该进入自我催眠状态并且握紧左拳，以帮助他将这些暗示植入他的右脑。然后对自己说：

我将会因为要进入女人（如果你愿意的话，也可以使用一个名字）的想法而变得非常兴奋。做爱对我来说是一个令人兴奋的想法。我将放下对这种行为的所有误解，我再也不需要像内疚感那样的任何形式的限制。我将开始感受并加强女人给我带来的刺激。我将有能力射精，感受到那种热烈的躯体上的快感，并且享受性爱。

情绪型性特征的男人也应该进入自我催眠状态，握紧左拳，并做出同样的暗示。不同的是，情绪型性特征的男人需要在同时视觉化他的性伴侣，在视觉化中，他应该看见自己正在享受非常愉悦的性行为，进入女人并且很快地射精。

这样练习几次自我催眠之后，你将进入第二个准备阶段。再一次进入自我催眠状态，握紧左拳来帮助你激活右脑（情绪脑）。现在向你自己暗示：当你下一次进入一个女人时，你就会立即感觉到阴茎区域高度兴奋。对于情绪型性特征的男人来说，在做这个练习的同时还应该使用视觉化技术。

因为解决射精延迟的问题需要你感受到比过去更大的性刺激，所以提高性兴奋是非常重要的，方法就像前文中女人在解决无法达到性释放的问题时所使用的方法一样。这意味着你在做爱前也要进入自我催眠状态，并且保持这个状态，直到你射精。

一旦你进入了自我催眠状态，就要开始幻想任何能让你觉得兴奋刺激的行为动作，例如你对伴侣或伴侣对你的温柔强奸。有些男人喜欢幻想两个女人一起引诱他。另一些男人则喜欢幻想透过窗户看正在进行的性爱表演。还有一些男人喜欢幻想两个女郎在抚摸他之前互相爱抚的画面。再次强调，你的性幻想没有限制，也没有任何错误。你可以幻想和你在一起的女人是你的性伴侣，也可以是任何女人——某个演员、歌星、邻居、同事或者其他任何人，这些人都可以成为你幻想中的性爱的对象，最重要的是增强你的兴奋感。之后，一旦可以很自然地、更快地射精，你就要把性幻想的对象转换成你实际生活中的伴侣。

在你潜意识中植入一个催眠后暗示是有所帮助的。一旦你准备好了在自我催眠状态之外进行性爱，你就要使用催眠后暗示来练习一个加强技术。在你性爱之外的时间进入自我催眠状态，然后向自己暗示：当你进入女人时，你将开始感受到感觉正在形成，在你感觉到这种感觉之后，使用"射精"这个关键词。当你说出这个词时，你会感到那种感觉正在迅速增强，让你感觉到一种势不可挡的体验，这时你就射精了。

重复几次这个过程，你就不再需要在性爱过程中进入自我催眠状态。你要使用的暗示是催眠后暗示，这样可以进一步强化你的潜意识。

现在你已经获得了控制自己性高潮的能力，但是对过去脱敏也是非常重要的。很可能你已经察觉了是什么样的情绪问题引起了你的射精延迟。这种记忆不仅是痛苦的，而且对你来说也是难以消除的。你知道过去已经过去了，然而你仍然深受其害。

为了解决这个问题，你应该进入自我催眠状态，并思考那段引发你射精延迟问题的关系。情绪型性特征的男人应该运用视觉化的技术，视觉化这个问题发生时的情形，而躯体型性特征的男人只需要意识到这个问题，然后告诉你自己：

我将要把我自己从 ×× （问题的名字或某人的名字）对我的限制中解脱出来。我将要把自己从我对性爱的任何尴尬的想法中完全解脱出来。

很多经历过射精延迟问题的男人都害怕自己是潜在的同性恋。事实并非如此，但是他们总是记起那段他们给予了太多关注的过去的经历，可能是在高中时的一个冲动，或者是他们对另一个男性的某个行为的不必要的内疚。他们不认为这是很多男人都可能有过的普通经历，反而觉得自己有问题，认为自己天生就不能和一个女人真正地保持关系。

为了克服这些恐惧，这样的男人应该进入自我催眠状态，视觉化一个令他有欲望的女性，然后告诉自己：

> 我喜欢和女人做爱，和女性一起享受性爱是最快乐的。我不喜欢"和男人做爱"这种想法。那不是我的行为。我喜欢女人。

当然，如果是躯体型性特征的男人，则不需要加上视觉化。

被拒绝或被抛弃导致的问题

导致男人射精延迟问题的原因之一是他曾经被一个女人贬低、羞辱过，而抛弃是造成问题的一个主要原因。躯体型性特征的男人或女人被拒绝或被抛弃之后产生的问题更为严重一些。无论是男性还是女性，无论是躯体型性特征的人还是情绪型性特征的人，都可能不得不去应对被拒绝或被抛弃的问题，而你处理的方法将因你的性特征而有所不同。

情绪型性特征的人有可能会用疼痛来处理"被拒绝"的问题，而不是用那种挥之不去的、毁灭性的愤怒。这时，情绪型性特征的人只需要把自己带入自我催眠状态，然后视觉化一个新的性伴侣，然后对自己说出增加性欲所需的积极暗示：

> 我将要和××（名字）一起去享受性爱，和××（名字）做爱是一件非常快乐的事情。我将要把自己从过去解脱出来，

这样我才能真正地为 ××（名字）而高兴。我被 ××（名字）极强地激发了欲望，我会享受我们之间的关系。

直接忽视过去曾经给你留下问题的那个人。不要让过去的事情再打扰你，你要向前看。

上述方法对于躯体型性特征的人来说是行不通的。如果你是一个躯体型性特征的人，你将不得不做更多的事情来让自己脱敏。

如果你是一个被拒绝或被抛弃过的躯体型性特征的男人，那么这件事会给你带来很多的问题，射精延迟、无法勃起，都有可能。再次将你自己带入自我催眠状态，然后把你的双手平放在大腿上，手掌向上，想象那个曾经拒绝或抛弃过你的女人，并且开始绷紧你的左手。现在向自己暗示，你将要把那些关于这个女人的所有的情绪转移到自己的左脑，这样你就可以很有逻辑地解决你过去的问题。现在紧绷你的右手并且放松你的左手。这个动作会把你的情绪从右脑转移到左脑，这样你就可以靠逻辑来解决它。

现在，这些与这个女人有关系的想法已经安全地在你的左脑之中了，对自己说：

和 ××（名字）的关系已经结束了。我不能再让那段关系继续给我带来痛苦了。

然后，把你的注意力转移到另一个女人身上，做出上文中和情绪型性特征的人一样的积极暗示。

这个过程也适用于被女人坚决拒绝后产生问题的情绪型性特征的男人，他遇到的问题非常严重，以至于他需要脱敏，然后才能积极地对待下一个女人。唯一的区别是他应该首先视觉化带给他痛苦的女人，然后再想象那个他想要积极对待的女人。

被拒绝或被抛弃的女人解决问题的方法和男人一样。所以，你应该把那个带给你痛苦的男人的记忆从掌管情绪的半脑转移到掌管逻辑的半脑。记住，确定你的性特征，然后选用适合你的方法。这个方法对于男人和女人来说，作用同样好。

润滑困难

很多女人都经历过润滑困难。这些女人与无法获得性释放的女人不同，因为后者可以在人工润滑的情况下达到性高潮。但是，大部分无法润滑的女人在人工润滑的情况下也不太可能达到性巅峰或性高潮。

正如你在前面所了解到的那样，女性的润滑是性爱中性幻想阶段的自然结果。没有精神上的兴奋刺激，女人就无法润滑。对于无法润滑的女人来说，性行为是她安抚伴侣的一种方式，但她自己却难以享受其中。在润滑剂的帮助下，虽然疼痛消失了，但性爱还是没有丝毫快乐，因为这个过程缺少精神上的刺激。

润滑困难并不一定发生在你的第一次性经历中。我发现，有些女人一开始可以享受愉悦的性爱，很多年都没出现过润滑困难，然后冲突出现了，影响到了她的潜意识，突然间，她就不能够再润滑了。在一个案例中，这个问题发生在女人和伴侣的 7 年婚姻生活之后，而在这 7 年内，他们的性生活是有规律且愉悦的。

女人在冲突之后无法润滑的原因是性幻想阶段没有被正确地利用，女人把全部注意力集中于所有导致冲突的负面的感受和（或）负面体验，而没有把注意力集中于能够让大脑超载并带来润滑这一身体体验的性幻想和做爱前的进一步性刺激上，例如，想象你自己和你的性伴侣赤身裸体地在一起。

你几个月前发现他和他办公室的一个人有染。他对此表示十分后悔和沮丧，你知道他非常爱你，你也知道只要你和他结了婚，他就绝对不会再做那样的事了。他乞求你的原谅，并且尽其所能来证明他非常后悔。你原谅了你的伴侣，在此之后你又和他做过很多次爱。但是，你仍然极为愤怒，并且没有完全处理好这一个问题。当他开始轻轻地抚摸你时，你的心理过程可能如下：

> 他正在轻抚我的背部，这总是让我感觉很好。他总是知道爱抚哪里，用多大的劲儿能够让我融化。任何时候我真的都"性"趣盎然，他真是非常擅长操纵（manipulating）我啊。
>
> 我不知道他在外边乱搞时、和那个女人鬼混时会不会跟他操纵我、让我满足他时一个样，我不知道他是不是也用同样的方式爱抚她，我也不知道他是不是也知道她所有的让她兴奋的小秘密点。
>
> 我厌恶"他的手像这样抚摸她"这种想法。我想知道她在床上是什么样子。我想知道她是不是能像我一样让他在床上这么兴奋。那个小秘密……

就这样，这个女人的愤怒完全压制了原本会唤起她性欲的心理过程。她确实想要这个男人，但是她这种无法放下的愤怒正在破坏这段关系。

无法润滑的原因之一可能是某种无法释怀的内疚感。一个女人可能有了婚外情或者做了一些别的她感觉自己做错了的事情，这让她感到不舒服，无法润滑是她惩罚自己的一种方式。

有时候，这种愤怒并不是那么明显。正如琳达的案例。她是我的一位患者，一个躯体型性特征的女人。她和一个已婚男人约会 5 年了，并被这个男人征服了。她崇拜他，并深信总有一天他会为了她离开他的妻子。他的婚姻摇摇欲坠，他看起来已经过上了分居的生活，他做的每件事都表示出他是真的爱琳达。

那个男人对琳达的感情是认真的，但却太软弱了。他不能够与他已不爱的妻子干净利落地决裂，也无法向琳达做出承诺。他一直在承诺他会和妻子离婚，但是他始终没有离。

这5年来，琳达一直都是第三者。琳达有时感觉自己几乎是一个"便利快餐"，时常怀疑自己和那个男人在一起是不是一件正确的事情。然后一切都改变了，那个男人鼓起了勇气，和自己的妻子一刀两断，离了婚，然后和琳达住到了一起。

那个男人认为以后的一切都应该是幸福的，他终于证明了自己的爱和真心。他花了很长的时间才鼓起勇气，当他付诸行动的时候，他确实做到了自己承诺的事情。他应该是一个快乐的男人。

但是他们住在一起后没几天，琳达就不能润滑了。他们已经一起享受了5年的美好性生活，然而当他们终于能够实现他们所计划的一切时，她再也感觉不到和他在一起的舒适美好了。于是，琳达来向我求助。

琳达很愤怒，她已经意识到这一点，虽然她爱着这个男人，但是他如此懦弱，让她当了5年的第三者。这5年里她随时待命，为了适应他的状况而调整了自己的生活。但当他终于鼓起勇气做了那些他一直声称自己想做的事情时，他却期盼一切都是完美的。

这种愤怒占据了琳达的潜意识，她想用某种方式去惩罚他对她做过的事，虽然她爱着他，不想失去他。她实现自己目标的最好的方式就是拒绝与他共享性爱的快乐。不能润滑是她在潜意识里惩罚他的一种方式。虽然她意识到了自己的愤怒，但是她没有意识到愤怒与不能润滑之间的因果关系。

这种情况需要两个步骤来解决。第一个就是和那个男人谈话，琳达需要向他表达自己的感受，让他理解她对于他们过去在一起时的感受。他无法挽回已经发生的一切，但他需要知道，在他们的关系之中，他不能再如此优柔寡断。

只和她的伴侣谈话是不够的，虽然琳达表达了她的愤怒，在意识层面处理了她的情绪感受，但是在琳达的潜意识中还有一些压力。为了解决这部分问题，她必须进入自我催眠状态，并视觉化自己对她的伴侣发怒。

这种视觉化的幻想要比她在现实生活中所能做出的更加暴力。她向他大吼大叫、咆哮怒骂，把他的整个身体提起来，并从窗户扔出去。在这 5 年之间，她感觉她一直在委屈自己，一直在等他下定决心。然而，他终于离婚了，就跑到她这儿来享受他轻易获得的这段关系，她心有不甘。琳达确实想要他，所以除了他们已经谈论过的，她也没有什么要当面说的了，但是在自我催眠状态下，她还有很多事情可以做。

在做了几次非常暴力的幻想之后，琳达告诉自己，她将通过梦境来发泄愤怒。每天晚上，当她睡觉的时候，所有剩余的愤怒都将通过做梦的方式发泄出来。完成这一切之后，她将自己带出自我催眠状态。

琳达必须重复这个过程好几次。在此之间，她必须强迫自己和她的伴侣在一起，即使他们并不做爱。他们谈论她的愤怒，但是琳达并没有分享她极为暴力的幻想。最后他们修复了关系，发泄的梦和自我催眠的行为改变了琳达的潜意识。在琳达第三次向自己暗示她将通过梦来发泄自己的愤怒时，她发现自己又可以润滑了，她的问题解决了。

如果琳达是另外一种性格，她可能会选择离开这个男人，因为她是如此愤怒。然而，她是真的深深地爱着他，她只是简单地想要表达自己愤怒和失望，现在她的这种等待终于结束了。如果她没有和他谈话，只通过自我催眠来发泄愤怒，也能解决问题，但需要更长的时间。

当然，这段关系之中也可能还存在其他的问题。这个男人也会面临许多困难，他很懦弱，没有安全感，为了他爱上的这个女人，离开了他熟悉的妻子和家庭。当琳达停止润滑的时候，这种拒绝也吓到了他。他担心自己和妻子离婚是一个错误，尽管他和妻子之间好几年前就已经不再相爱了。

在这种情况之下，这个男人也可能会出现性问题，如阳痿、射精延迟等。虽然起因有一些不同寻常，但是他需要用到的解决方法和本章中所提到的那些解决问题的方法一样。

无法润滑的第二个主要原因是不能够进行性幻想。如果你有这个问题，你就不能在脑海中创造那些导向性爱的画面。当你第一次碰到这个问题的时候，你会感觉这是一个无法克服的问题。毕竟，如果你无法幻想，那该怎么通过性爱中的性幻想阶段呢？

事实上，每个人都可以学会幻想，因为其实每个人无时无刻不在幻想。不能这样做的女性实际上是她们对自己过去的一些创伤做出的反应。在某一时刻发生的某件事让她们感到非常难受，以至于她们选择不去回忆。她们要么是在惩罚自己，要么是从记忆中逃离，因此，她们不会允许自己开始那个导向润滑和愉快性爱的程序。

如果你不能进行性幻想，最简单的解决方式就是通过所谓的念动反应来了解到底发生了什么。在自我催眠状态下，你可以问自己问题，并通过触发身体反应来获得答案。要做这件事有很多方法，最简单的就是暗示你自己，你将通过抬起不同的手指来回答"是"或"不是"。例如，把你的双手放在大腿上或椅子的扶手上，如果问题的答案是"是"，你就抬起左手食指，如果问题的答案是

"不是"，你就抬起右手食指。

为了理解念动反应的工作过程，我们先举一个例子。梅琳达是市政府的一位书记员，她是一个情绪型性特征的女人，从来没有润滑过，也从未经历过性高潮或性巅峰。当我鼓励她进行性幻想的时候，她告诉我她从来没有做到过，她甚至都不知道如何开始。

我继续鼓励梅琳达进行性幻想，但是我的鼓励让她变得烦躁不安。她不喜欢"去尝试性幻想"这个想法。当我鼓励她去幻想的时候，她感到很不舒适，并且生气了。很明显，她还在压抑着什么，虽然我不知道她在压抑着什么。

我用上文所说的方法将梅琳达导入自我催眠状态，然后让她向自己暗示，当她问自己问题时，答案会通过她的选择（抬起左手食指或右手食指）而显现出来。这种念动反应会非常准确地反映出她的思维过程。

梅琳达首先问自己："我知道我为什么不能润滑吗？"她抬起左手食指，这代表她的答案是"是"。

"我愿意去暴露那段阻止我润滑的情感吗？"她抬起右手食指：不，她不愿意暴露它。

"我想要快乐吗？"她再次抬起左手食指：她想要快乐。

"我愿意变得能够湿润、性功能正常吗？"她抬起左手食指：是的，她愿意。

"既然我想让这一切发生，我知道我不愿意暴露我无法润滑的原因吗？"她回答"是"。

"我愿意说出这个原因吗？"再一次回答"是"。

"我愿意回答一个直接的问题，来描述一下这个困扰我的原因吗？"这次的答案是"不"。

"我愿意通过梦境把它发泄出来吗？"这次答案是"是"。

通过梦境发泄是暗示你将要记住这个问题。对于很久以前发生的问题，你不一定要记起它才能把它的影响从你的大脑里发泄出去，我发现这种察觉也很有帮助。这个事情已经过去了，你不会再为那些无法挽回的事情而痛苦与内疚了。是时候向前走了，把它们发泄出来，给你带来释放。这种记忆可能会满足你的好奇心，让你更好地理解自己，但这并不是关键。

　　今天晚上我会回到家里，我会在和以前一样的时间里躺到床上，好好睡个安稳觉。在睡眠过程中，我将要通过梦把过去发生的那些事情发泄出来。这个梦会告诉我为什么我不能够进行性幻想。

　　梅琳达在当天晚上确实做梦了。当她醒来时，她想起来在她还是个小女孩的时候，她遇见了比她年纪大一点的表兄。在几个月里，他们两个发生了多次性行为，她非常享受这种性爱。

　　在那年年末，这种性关系停止了。他们两个逐渐认识到这样是错误的。虽然梅琳达享受这种性爱，她觉得那段时光很愉快，但是这一事实还是使她充满了内疚。

　　全部的记忆都回来了。她的父母开始察觉到发生了什么事情，他们把她带到了教堂，让她为她所做的事情忏悔。那段经历让她感到羞耻，她的内心充满了负罪感。最让她感到糟糕的并不是她和他的表兄发生了性关系，而是她居然很享受这件事情。所以，她突然间对性爱再无兴趣了。

　　梅琳达为她的发现感到震惊。从这件事发生到现在已经很长时间了，她早已经完全把它抛在脑后了。但是，很明显，这就是她出现性问题的原因。正是那些残留的负罪感在阻止她进行性幻想，让她无法润滑。

　　对于梅琳达来说，下一步就是重新返回自我催眠状态，在催眠状态中，她对自己说：

> 我已经向自己揭示了我不能润滑的原因。我现在已经是个
> 成年人了，不再是小女孩了。我已经通过梦境把它发泄出来了，
> 我现在可以开始润滑了。

她把上面的话重复了 2~3 遍，然后她立刻开始润滑了，甚至在她还没有从自我催眠状态中出来之前就开始润滑了。

梅琳达开始湿润了，很明显，她在享受性爱时将会毫无困难。但是她在性幻想阶段的问题依然存在。她必须学会如何为性爱做好精神上的准备，因为她已经压抑这个过程太长时间了。

梅琳达再次把自己带进自我催眠状态。她幻想自己置身于一群和善友好的人中间。她在这群人中间玩得很开心，这群人是谁并不重要。而且这个幻想和性无关，她只是很喜欢自己被陪伴的那种愉快的感觉。

这个幻想非常容易进行，因为它对梅琳达没有任何威胁，她可以放松并享受它。

接下来梅琳达尝试了一些其他的幻想。她所使用的那些幻想，如果用在你身上，可能令你觉得舒服，也有可能令你觉得不太舒服，你可以选择任何让你感到更亲密的幻想。

例如，梅琳达的幻想是她看到一对情侣正在做爱。她的幻想以他们互相亲吻和抚摸开始，直到她看到他们愉快地做爱。她也会幻想自己正在看一部色情电影，电影里播放的所有动作都是她喜欢看到的别人的动作。

你可能会发现自己在幻想观看别人做爱时感到不太舒适，你可能只想幻想一些他们之间的亲密暗示和柔情蜜意。你应该让自己的幻想保持在让你舒适的范围内，慢慢地随着你感到舒适的程度而增加情节。

幻想其他人是因为这个画面不会对你个人造成威胁，你并没有将自己放在这个正在做爱的角色上。你仅仅是一个观察者，一个正在享受一幕情色画面的无辜的偷窥者。

接下来梅琳达幻想她正和某个正在挑逗刺激她的男人在一起——这个人可以是任何人，可能是她所熟知的并觉得有吸引力的人，可能是她正在约会的那个人，可能是某个电影明星，也可能是某个小说中的英雄。最重要的是，现在她亲自参与其中了。她和那个男人在一起，那个男人也对她有兴趣。

很快，梅琳达开始幻想自己和那个男人做爱。她放纵自己所有的幻想，在幻想快结束时，她总是享受性爱的。她也会幻想她所爱的男人的参与——以往，她因为受到小时候所经历的那个问题的压抑，和这个男人在一起时从未润滑过。

梅琳达的改变是巨大的。她告诉我，当她到达她伴侣的公寓的那一刻就开始湿润了。她被与伴侣做爱的期待唤起兴奋，这时她甚至还没进到屋子里面，还没有和他拥抱在一起。性对她来说再也不是一个问题了。

很多时候，女人都知道自己难以润滑的原因。这个原因还在她记忆中，不像梅琳达那样，已把原因抛在脑后了。但是，因为这个原因会让她感到不适，所以她也不会说出来，而是让这个原因继续对她产生不好的影响。任何不愉快的经历都可能引发这种情况，如被强奸、青少年时期自慰被发现等。

下一个是安妮的案例，一个幸福的已婚女人，她已经和丈夫一起享受了7年的性生活。然后，没有任何明显的预兆，润滑停止了。她来向我寻求帮助，我建议她运用念动反应找到这个问题的原因。

"我知道我停止润滑的原因吗？"安妮在自我催眠状态下问她自己。她代表"是"的那个食指抬起来了：是的，她确实知道。

"我愿意把这个原因暴露给自己吗？"答案是"是"。

"我知道我该通过何种方式来暴露它吗？"这次的答案是"不知道"。

"我可以暗示我会记住它吗？"在那一瞬间，已经没有必要再用食指做出反应，这个简单的问题立刻把那些记忆带回到她的大脑里。

那是一个非常简单的事件，但是它展示了我们如何在某些情况下因为看起来无关紧要的行为而背负起内疚感和负罪感。

有一次，安妮参加了一个办公室聚会，聚会上每个人都喝得酩酊大醉。她和老板的关系很好，也一直被他吸引。在这种放松的氛围中，在远离各自配偶的情况下，在友好的同事中间，她被老板的友好亲切唤起了欲望，他们的肢体有了碰触，在一个轻松的时刻，她老板吻了她，唤起了她的性欲。

安妮感到非常内疚。她一直认为，与丈夫以外的任何男人有性接触都是错误的。她一想到自己被唤起了性欲，感觉到了自己的润滑，她就感到羞愧。当她感受到自己的润滑，她马上就强迫自己去想别的事情，中断了润滑的进程。不幸的是，她带着这种内疚感回了家，并通过无法润滑来惩罚自己。

显然，安妮没有任何理由感到内疚。她没有做什么坏的事情。在当时的情形下，这是很自然的一件事情，并且，她采取了控制措施，以防止整个事件失控。

安妮再次进入自我催眠状态，这一次，她对自己有了新的理解。她告诉自己：

> 我已经向自己揭露了我不能够润滑的原因。那件事不是不

正常的行为。我当时在酒精的影响下，且身处于一个不同寻常的情况中。所发生的一切都只不过是人的本性，而且我控制住了自己。我并没有对我的丈夫不忠，我也没有任何理由来为我的经历感到内疚。

现在假设你也有这个问题，不过你的状况和安妮的有所不同。假设你也有这样的经历，并且和那个男人发生了性关系。那么，你就有理由感觉到内疚和负罪感了，因为你做了一件你觉得错误的事情。

事实上，在这种事情发生之后，你无法撤销它。这个行为可能对你来说是错误的，但是它已经过去了。你必须接受这个事实，并继续前进。最有效的解决方法就是自我催眠。在这一次你进入自我催眠状态后，你会说：

> 背负着这份内疚对我一点好处都没有。把我所做的事情告诉我的丈夫对我同样没有任何好处，这对我们的关系没有帮助，也不会对我的所作所为有任何补偿。我现在必须承认，它已经发生了，这是一个错误，不过它已经过去了。我不需要再一直为此感到煎熬。我已经为它付出了足够的代价，我感到了内疚，我想放下，让它过去。

你可能需要重复几次这种自我催眠。一旦你用这种方式宽恕了自己，你就可以继续向前，能够再次润滑。你将不再是你过去经历的受害者。

也存在着某种个别的情况，你的大脑不想处理已经发生的事。你想要性幻想，你想要润滑，你想要享受和男人的性关系，但是，念动反应仍然是否定的，你的大脑试图去抑制这段记忆，因此你变成你过去所犯的错误的囚徒。这是一种极为少见的情况，但是如果这种情况发生了，你就需要在自我催眠状态中接管你的大脑。这一次你要对自己说：

> 我将要进行性幻想，我将要润滑，我将要通过一个梦来发泄引发我问题的原因。我不需要记住发生了什么，但是我将会通过一个梦来发泄它。然后，我就能够进行性幻想了，我就能够润滑了，我将能够拥有愉快的性生活。

之后，你也可以再次进入自我催眠状态，然后告诉自己去进行性幻想："我将会幻想男人，我将会幻想性爱！"

你接下来要暗示自己进行的性幻想通常会涉及一些温和的强暴。男人和女人都会有一些这样的性幻想，因为它为前戏提供了大部分的心理需求。如果你对性爱感到尴尬，或者你的父母曾经教育过你"一个好女孩不应该享受性爱"，你可以把自己幻想成你想要的那个男人的无助的受害者，但你是自愿的。在你的幻想中，他总是那么温柔，那么有爱，但又那么势不可挡。他可能只是用他多情的求爱来压倒你，让你在他的爱抚下变得如此软弱，以至于他能够脱掉你的衣服而你却挣扎不得；他可能会把你扛到床上，让你的身体无法抵抗，但他不会让你有任何疼痛；或者他可能会把你绑在床上，绑得很松，让你感到很舒适，但又很牢固，让你的挣扎毫无用处。

同样的被强迫和无助的性幻想也被一些男人使用过。这是一种很自然的性幻想，既能满足你的欲望，也能符合你小时候受到的教导。你正在享受性爱，但你不是性爱的发起者，你并没有因为性行为发生在你身上而违背你父母的教育，你根本没有能力去阻止它，所以你可以在没有负罪感的情况下享受它。

相反的性幻想是你正在控制局面，你就是那个正在实施温柔强暴的人，你正在掌控着你幻想中的那个男人或女人，制造出那种导向做爱的无助的情绪，你把这个人绑在床上，其他什么也不会发生，只有你能牢牢地控制局面。当然，这些都仅仅发生在你的幻想中，你是完全控制体验的那个人。

对于大部分人来说，这两种强暴幻想都是令人舒服的。第一种会允许你在没有负罪感的情况下享受性爱，第二种则会帮助你达到可以愉快地享受性幻想并容易润滑的程度。

还有一种方法是偷窥幻想。你并没有参与到性行为中，但是你在看着别人做爱。再强调一遍，这和你无关，你不会有任何内疚，因为你不是那个正在享受快乐的人。但是，这个想法会带给你愉悦感，而别人做爱的画面也会帮助你开始润滑。

自然，如果你有参与的负罪感，那么最好在你的幻想后面加上脱敏的环节。这时候你应该向自己讲述那些性的积极方面，解释你已经是一个成年人，你不再是你过去经历的受害者，性是愉悦的，是两个成年人之间的自然行为。这个自我催眠的技巧同样会帮助你，让你们的关系向前发展。

有些女人是因为无聊而停止润滑。在她和伴侣之间发生了一些事情导致她性欲减退。也许是这个女人想要另外一个男人，一个她得不到的男人。现在跟她在一起的那个男人是她认为令人舒服的人，就像一位朋友一样，而不是一位让她感到兴奋的情人。但是另一个男人她无法得到，她只有身边这个男人。

在其他时候，工作的压力可能会使女人感到疲劳，这种压力逐渐压倒她，令她性欲降低；或者性生活已经成为一种例行公事，不再有趣或令人兴奋；或者是她的伴侣可能有某种她一直在忍受的令她不快的习惯，这种习惯让她越来越难以忍受。不管是哪一种情况，结果都是——性欲似乎消失了。

现实是，这些情况的其中一种正在发生：要么就是这段关系已经真的死了，这对伴侣需要分开；要么就是这种关系是时候改变了，这个女人真心地想要和这个男人在一起，但他们需要一种方法来让他们的性生活恢复活力。这个时候，我们就要使用念动反应来帮助我们理解正在发生的事情。

在自我催眠状态下，使用念动反应暗示，问："*我真的在乎×××（伴侣的名字）吗？*""*我还想继续和×××（伴侣的名字）保持这段关系吗？*"只要答案是"是"，那么你就知道，你应该在你们的关系中做出改变，来增强你的性幻想阶段并且鼓励性欲的产生。如果答案是"不"，那么你就必须面对这个事实：可能是时候分开、离婚或进行关系咨询了，这取决于你认为哪种方式最适合你。

如果你发现你和伴侣的关系有些无聊，是时候开始通过自我催眠来恢复你的性幻想阶段了。无聊自然会降低性欲，通过自我催眠体验更多的性幻想则可以恢复性欲、增强你的欲望，重新激活你们的关系。

当然，如果你的伴侣有一些让人不快的习惯，你也要跟他谈谈。然而，即使这样，你也会希望努力地增加你的性幻想来恢复性欲。你还可以尝试一些双方都喜欢的性游戏。不过要记住，不管你要做出什么样的改变，或者你选择什么样的性游戏，第一个阶段都是增加你的性幻想。

阳痿问题

有一些男人和伴侣在一起的时候会有阳痿的问题，但是，当他们要做一个测试来确定他们是否有夜间勃起时，测试结果是正常的。这意味着这类人没有医学上的问题，他只是被过去的经历伤害了。

出现这种问题的原因是多种多样的，通常它不是一些重大的状况或一些巨大而剧烈的创伤所导致的，相反，它很可能是一系列的小事件共同影响的结果。

通常情况下，使用自我催眠是纠正阳痿问题的最快的方法。如果直接处理症状没有效果的话，你就必须去寻找引起这个问题的原因，这也是你处理阳痿问题的方法。

对于阳痿的男性来说，纠正的第一步就是努力提高性兴奋。如果你有这个问题，请记住，你是能够勃起的，你已经在晚上证实了这一点，可能是你做一个醒来时不记得的性梦的时候勃起了。所以，如果你能在自我催眠状态下增强自己的性幻想，你可能就会纠正这个问题。

进入自我催眠状态，并开始性幻想。这个性幻想包含两个阶段。

在开始的时候，你要幻想你正和你的伴侣在一起。这可以是任何你想要的幻想，可能只是你看着她一丝不挂的裸体，也可能是你正在亲吻或爱抚她。或者，也可能是一个精心设计的性幻想，包含温柔强暴，或成为一个偷窥者，看到她和另一个女人在相互抚摸，然后努力来刺激你。

现在继续这个性幻想，把你性幻想中的伴侣换成任何你想要的女人，她可以是一个电影明星、一个你觉得很有吸引力的同事或者其他任何人。她是一个让你在性方面感觉到兴奋刺激的人，虽然你没有办法去追求这段关系。这个人可能只是某个演了你非常喜欢的角色的女演员，或者是一个你并不太了解但是让你觉得很迷人的、已经有着幸福婚姻的女人。你可以幻想任何你想要的事情，可能是你和几个赤身裸体的女人在狂欢，她们都对你的身体极为渴望，或者是你被两个女人温柔地强暴了，或者是你扛走了某个女人。你可能正在重现一幕浪漫的场景，可能有着轻柔的音乐、红酒、瑞士小屋、一张巨大的带顶棚的圆床、吉卜赛小提琴、天空飘着轻柔的雪花，还有所有好莱坞式的浪漫壮观的其他特点，也可能是一场惊奇的老式西部探险。什么样的幻想并不重要，只要能让你兴奋起来就好。

记住，你可能会对这样的性冒险有一种负罪感，这是因为那些早期教育，虽然你现在在理智上认为它们不切实际，但是它们一直存在并影响着你，让你觉得你幻想的那些事情在某种程度上总是下流的、坏的，甚至是肮脏的。

有两个现实情况你必须面对。

首先，在两个成年人之间的任何自愿的性行为都是没错的，只要双方都没有受到伤害。每个人都有性幻想，他们可能会试图将有些幻想付诸行动，而有些幻想却仅限于幻想。正常人不会想去强奸别人，因为强奸意味着造成痛苦，强迫他人违背意愿屈服于那些让他人感到不适的事情。然而，正常人却确实喜欢温柔的强暴，让伴侣中的一个高兴地压倒另一个。一个男人或女人可能会把性伴侣绑在床上，确保他／她比较舒适，但是相当无助，他／她所能做的只有感受对方的触摸。或者某个人寻求被对方以这种方式或其他方式掌控，例如简单地被压在下面，或被对方用亲吻削弱自己的力量并被强压在床上，没有鞭打、殴打或任何其他的暴力行为。如果真有捆绑的话，那是在一种不会伤害到对方的方式下进行的，而且那位处于无助状态的性伴侣也不会被单独丢下，所以能够保证安全。这是一种在性幻想和现实生活中都可以做的性游戏，其他的性游戏也是如此。要知道，当情侣双方都想要某种方式时，那么它就是正常的、自然的、愉悦的，这样的性幻想没有任何错误。

其次，不可否认的事实是，性爱是有趣的，是男人和女人完全享受对方的一种方式，它不只是为了生育。然而，我们中的某些人在过去曾经受到一些警告——来自我们知识有限的好心的父母或有着极端观点的宗教团体，这些警告可能会导致我们在成年后出现性问题。

同样，还有一些其他的伤害会影响你勃起的能力，例如被一个女人羞辱或者其他的什么问题，这些经历可能被忘记，也可能被压抑，但没有被消除，那么就可能导致阳痿。

如果你是这种情况，你可以使用本章前面讨论过的女人所用的脱敏技术。把自己带入自我催眠状态，并做出关于性的积极暗示。当你对自己做出积极暗示的时候，视觉化你的性伴侣或任何你渴望的女人。与此同时，情绪型性特征的男人可能需要视觉化性行为，而这对躯体型性特征的男人则是没有必要的。然后说一些类似于这样的话：

> 我喜欢和女人（或者说某个特定女人的名字）一起做爱。性爱是非常愉悦的。性爱是一件可以享受的好事情。我不会被我过去的想法所困扰。我不会成为我的父母或者其他人的旧有建议的受害者。我将要和女人（或者说某个特定女人的名字）一起获得极大的快乐。我将会被女人（或者说某个特定女人的名字）唤起性欲。我将要勃起并且享受进入我伴侣的过程。这是一个很好的体验。这是一个男人和一个女人之间所能拥有的最自然的分享。

在你对过去的想法脱敏之后，继续我们一直在讨论的性幻想，在你现实的性伴侣和你幻想的性伴侣之间来回切换，也可能是好几个女人和任何可能的性行为。如果你有阳痿问题，对你来说重要的一点是，在自我催眠状态下，你轮流变换着这两种幻想内容，以极大地增强你的性幻想。你应该持续保持自我催眠过程，直到你感受到自己开始勃起。

一旦你感受到自己开始勃起，通常是在进行完全勃起之前的充血过程，你要给自己一个新的暗示："*我将要勃起了，我将要在这种催眠状态之下的幻想中强化这种勃起。*"

　　这种努力会提高你的性欲，继续这样做，直到你在自我催眠状态之下能够完全勃起。记住，在你感受到自己的阴茎早期充血的轻微变化之前，你应该一直幻想任何能让你感到兴奋刺激的事情。然后，一旦你有了要勃起的感觉，就暗示自己会在自我催眠状态之下勃起，然后继续你的交替变换的性幻想。

　　当你能够勃起之后，你可以在和伴侣做爱时使用自我催眠。晚上和她见面之前，你要练习性幻想。你将会勃起，就像你学习到的那样，每一次勃起都会增加你的信心，你会意识到你不再阳痿了。然后，在你们做爱前的那一会儿，将你自己再次带入自我催眠状态，回到那个和其他女人或很多女人的性幻想之中。

　　我知道你可能会对此感到内疚，不过你不必过分担心。你为了拥有一个正常的、令人满意的关系，正在学习做爱。不要因为幻想其他女人而感到担心，这种幻想是必要的。这和女性无法获得性高潮的问题有些相似，矫正的方法也是一样的。你将会使用念动反应，让你的潜意识来处理这些问题。

　　再一次把你自己带入自我催眠状态，告诉自己，你将要问自己一些问题，并且用你的手指给出答案。和前面一样，抬起左手食指代表"是"，抬起右手食指代表"不是"。然后问你自己：

　　"*我知道自己为什么不能勃起吗？*"通常情况下答案都会为"是"。

　　"*我的大脑是不是已经准备好了要把原因揭露给我？*"同样，答案通常会是肯定的。

　　"*我现在会记起来吗？*"如果你的大脑回答"是"，那么你就会立刻想起这段回忆。如果大脑回答"不是"，你要说："*那我想要通过梦境把它暴露出来吗？*"

如果你的大脑说"是"，那么你要说：

> 今晚我会睡得非常深沉、非常酣甜，我将会在清晨的梦中把我不能勃起的最初的原因发泄出来。我会记住这个梦和我不能勃起的原因。

如果你的大脑回答"不是"，那么你就要直接植入更强有力的暗示：

> 我将会记得通过我的梦发泄出来的我不能勃起的原因，我今晚会睡得非常深沉、非常酣甜，我将会发泄出来我不能勃起的原因。是时候让我的生活继续前进了。我将会在梦中发泄，并且在我早晨醒来的时候记住这个原因。

这段记忆一定会回到你的脑中，一旦你获得了这段记忆，再次进入自我催眠状态，然后对自己说："我已经发泄出了那个让我不能勃起的原因，我现在摆脱这个问题的困扰了。现在，当我幻想我的伴侣时，我就会勃起了。"重复这个暗示，你就会勃起。

如果你的大脑告诉你你不会记得，那可能是你选择不记住具体的情况。在这种情况下，你需要要求自己从过去的经历中解脱出来，获得自由。你告诉自己，你会勃起，你不会被过去的经历控制。然后你说：

> 我会通过我的梦发泄掉这个问题。我会通过梦把引起我不能勃起问题的原因发泄出来。我不需要记住这些梦，但我会把那个原因发泄出来。当我和伴侣在一起时，我将能够勃起。

一旦你觉察到了过去的问题，你就要让自己对那段经历脱敏。那段经历是什么并不重要。有时候你的问题可能是由于你所经历的乱伦行为引起的；有时候可能是因为你让某个同性恋接近过你；

或者你经历了丧妻之痛，每一次你想和一个新的伴侣发生关系时，你都会有负罪感，这种负罪感会通过想起你已故的妻子而表现出来。

事实上，所有这些经历都已经结束了。你不是生活在过去，而且现在的情况已经不是过去那样了。如果你曾经是受害者，那并不意味着你有任何错误。如果你曾经尝试过某些让你现在感到羞耻的性行为，那并不意味着你就是坏人、同性恋、乱伦者，等等。如果你是一个鳏夫，一直在想着你的亡妻，这也无所谓，因为她已经去世了，你还活着，对于你来说，重要的是你的生活需要继续前进。在你的人生中，你可以拥有不止一段健康的关系。只要你还活着，就需要别人，包括和另一个你在意的女人做爱。

把你自己带入催眠状态，视觉化那个引起你无法勃起问题的人和（或）行为，然后说："我要让自己对这些不正确的行为脱敏。"或者说："我要让自己在做爱时对已故妻子的影响脱敏。"或者说："我要让自己对××（具体的情况）脱敏。"你要明确地为那段经历命名，并告诉你的潜意识，你要让自己对它脱敏。回想那个场景，并重复这个暗示。

如果是妻子去世导致你不能勃起，你可能要补充说：

> 我将不再否认她的死亡。她已经走了，我再也没有理由继续生活在过去了。我将会接受她的死亡。我会给我们在一起的时光画上一个句号。因为她已经死了，而我需要找回我的生活。

每一个问题中都存在着相同的状况。你不需要去分析为什么你要做那些会给你带来那么大麻烦的事情，也不需要为你青少年时期易受同性恋行为的影响、被别人虐待或其他任何事情而担心，你只需要接受它曾经发生过的事实，它已经结束了，成了过去，而你正在让你的生活继续向前进。在自我催眠状态之下，做出这些积极的暗示，然后继续向前。

在某些情况下，男人能够保持勃起，但在插入的瞬间却不能勃起了。他不是高潮了，只是不能勃起了。这基本上是由内疚感引起的，和勃起困难一样，需要用相同的方法治疗。

一般表现焦虑

一般表现焦虑问题同时影响着男人和女人。它来自你对自己的性技巧的不自信，对你取悦他人的能力的不自信，你害怕自己的性技巧不像对方所期盼的那样有创造力、老练、见多识广。

举例来说，假如你是一个处女，要和一个有性经验的男人发生关系。你的假设是其他女人已经教会了他各式各样的享受性爱的方法，你确信应该用一些特殊的方法来触摸他，某些行为动作能唤起他的欲望，或者还有其他什么来自反复性经验的秘密。你可能对性一无所知；或者你可能已经读过一两本书，比如《性之快乐》，来学习这些技巧。但是纸上得来终觉浅，绝知此事要躬行。你害怕自己无法唤起他的性兴奋，或者，如果你能唤起他的性兴奋，你也害怕不能给他平时所能享受到的满足感。

同样的问题也存在于男人身上，而且他的担心会更加明显。女人会润滑，因此伴侣的插入会令她愉悦。而男人则害怕自己根本不能勃起，害怕自己不够硬，或者在他的伴侣正在快乐的时候软了下来。男人比女人有更多的担心。

玛格结束她的不幸的婚姻快 1 年了，她和另一个男人发生关系之前遇到了问题，她说道：

我的性焦虑是我有夫妻生活 10 年之后出现的。

我前夫和我几乎形成了一种惯例，每周我们做爱的日子、他进入我身体的方式、我们所做的每一个动作都是死板机械的。那不是快乐，那是不快乐。性生活只是为了我们的生理释放。在我们刚刚结婚那会儿，情况要好得多，那是我们相互分享的唯一愉悦的体验，但到最后，它已经变成一种习惯。

然后我遇到了韦恩，一切都不一样了。他温柔、可爱、老练。当我们顺其自然地发展到要发生性关系时，我害怕得要命。我不希望这种事情变成我和我前夫那样，而且我已经很长时间没有享受过其他方式的性爱了，所以我害怕我不能给他带来快乐。我想变得聪明、有创造性，让他对我充满欲望，但是我不认为我有那么好。我不知道该怎么办，我有过性经验，但是这感觉就像我第一次发生关系时一样。我确信我会让他失望。

女性的表现焦虑状态实际上不算什么问题。她会润滑，男人插入也没有问题。另外，在一段关系的早期阶段，双方都很紧张，她不必担心她会影响伴侣享受性爱。然后，在经历过 2~3 次性爱之后，这段关系就会变得足够深，焦虑感也就会随之消失了。

需要记住的非常重要的一点是，一般表现焦虑对双方来说都是一种会很快消失的体验，它出现在性体验的早期阶段，然后被双方逐渐加深的熟悉程度所治愈，在共同经历过 2~3 次性爱之后，焦虑感就会消失。你将会意识到你们正在寻找共同的快乐，在个人的欲望和任何你可能想要的性行为方面都更开放。

如果你是一个正在经历这个问题的女人，不需要担心，也不用治疗，因为时间就是最有效的药。你会润滑，你不会体验到疼痛，而且你的伴侣永远也不需要知道你曾经有过这种担心。你可以用自我催眠来暗示自己，例如，你会在性爱过程中感到舒适，你会享受它，以及其他积极的暗示。记住，你没有什么严重的问题，不管你做什么，它会在性爱过程中自我修正。你的伴侣不会觉察到你的任何问题，你不需要过度担心。

如果你是一个男人，你可能需要使用自我催眠来避免因这种问题而造成的尴尬。通常情况下你会勃起，但是在一段新的关系中，前两次做爱时，你可能会因为压力而不能勃起。就像女人的情况一样，时间会解决这个问题。但是，知道这个事实并不能阻止你表现出明显的问题，那就是你没有勃起。所以，你需要使用自我催眠。

这种情况还有其他表现。你可能会早泄，你进入伴侣的一刹那就达到了性巅峰，有些男人还会在前戏中就达到性巅峰；或者表现出延迟射精的问题。你在先前可能经历过很多女人，但是这一事实对于如今这段关系来说没有任何意义。这个问题的本质是，这是一段新的关系，你感受到的亲密感提升了你的焦虑水平。时间会纠正这个问题，它是微不足道的。

为了解决这个问题，你需要把自己带入自我催眠状态，并视觉化你正在和那个让你有表现焦虑的女人做爱。视觉化你自己表现得毫无问题。现在暗示你自己：你非常兴奋，你正在享受性爱。所有的积极陈述都会帮助你克服焦虑。

你可以在自我催眠状态中进行一两次性爱，这会让你更加舒适，更加有欲望和激情。你可以暗示自己，在性爱的早期阶段你会有多么兴奋，这样你就不会有勃起的问题。

与此同时，如果有必要的话，你可以让自己对过去的问题进行脱敏。举个例子，如果你有过不愉快的婚姻，或者你曾丧偶并且感到内疚，那么暗示自己向前看是很必要的。你暗示自己：

过去的已经过去了，而我不再受它的影响了。我必须继续我的生活、发展我的新的关系，和一个新的女人做爱是一个很好的体验，一个正当的体验，一个可以让自己享受的体验。

当你被过去的问题所困扰，并和某个特定的女人在一起才会有糟糕的表现时，这个方法也非常重要。我曾经有一个来访者，是一位非常出名的职业运动员。他以粗犷又帅气的外貌而闻名，他在面对一个女人时出现了性表现的问题，而这个女人他是认真对待的。他过去曾和许多女人都有过露水情缘，从没有过性表现问题，但是他同样也没有认真对待那些经历。那是在享受性快感时刻，而不是在和自己打算共度余生的女人在一起。

这个运动员用自我催眠来解决他的问题时回忆起，当他还是一名高中的运动员时，他曾想和一个非常有吸引力却非常放荡的女孩上床，全队的队员都和她上过床。然而，轮到这个运动员时，她拒绝了他，称他为"废物"，并嘲笑奚落他没有男子汉气概，然后她散播谣言说他在性方面根本不行。

随着时间的流逝，这位运动员认为他已经战胜了过去。他享受一夜情，没有任何表现问题。然而，他没有意识到的是，他的潜意识里埋藏着一种恐惧：当他认真对待一个女人时，她也会认为他是"废物"。如今这种潜意识的恐惧浮出水面，困扰着他，并造成了他的表现焦虑。因此，为了让自己脱离过去的影响，他使用了我们前文讲到的脱敏技术，也使用了前面所讲的自我催眠技术，暗示他在亲密关系的早期表现得非常好。结果是他获得了非常成功的性爱，这帮助他实现了长期的关系，他一直和自己生命中那个特别的女人和谐相处。

如果这个问题发生得很频繁，并和很多女人在一起时都会发生，那么他必须对每一次有问题的性爱都进行脱敏。对他来说，有必要进行自我催眠，并在脑海中回想每一个让他出现问题的女人，然后，他需要重新审视这段关系，并对过去的经历脱敏。他要一遍又一遍地这么做，不断涉及每一个女人，直到他能够在自己的日常生活和未来生活中表现正常。

女人怎样从性巅峰转为性高潮

我总是强调，不是每一个女人都能达到性高潮。对于女人来说，达到性高潮这个想法简直就是性爱故事中的悲剧性神话之一。一个身体和情绪都健康并且有着愉悦性生活的女人既可能有性巅峰，也可能有性高潮。性巅峰是一个高度愉悦的性爱的结尾，它并不是像性高潮那样同时涉及阴蒂和阴道的、有着翻滚的快感的感受，但是它仍然是结束性行为的一种自然的方式。

流行文学、被误导的男人，甚至女人自己，都认为性高潮才是性行为唯一恰当的结尾，这一观点给他们带来了过度的压力。其实，只要你达到了性巅峰，那么你就获得了性快感。

在强调了性巅峰是正常的性爱结尾这个事实后，你也有必要去尝试体验一下性高潮这种加强版的反应。这是很有可能的，你可以通过自我催眠来实现它。你可以使用自然的联系法则将性巅峰转化为性高潮。

通常来讲，情绪型性特征的女人和极端的躯体型性特征的女人（80％或更高）可能想要获得比性巅峰更强烈的体验。在性爱过程中，她们的注意力变得狭窄，只专注于她们感受到刺激的地方，即她们的阴蒂。当性巅峰发生时，先前的刺激和（或）她们对于性巅峰的感觉的期待太过热烈，导致她们对结果感到失望。这种女人会想通过发展出性高潮来增强她们的体验。

改善性体验的第一步是，不要再为只能达到性巅峰这个事实而感到内疚或沮丧。进入自我催眠状态，并且向你自己暗示：性巅峰是非常正常的、可以接受的性行为的结尾，它是一种令人非常愉悦的体验，是一种自然的体验，它是你的性特征给你带来的一种体验。

重复这个过程至少 6 次，以消除你一直以来感受到的焦虑。你要说服你的大脑，让自己确信，你的体验是正常的，你不需要为了"成为一个完整的女人"而去改变。你做出的任何改变都是你自己的选择，而不是因为你的内疚感。这也消除了你对性释放的过度的意识控制，而让你的大脑和身体都专注于性巅峰。

接下来，你将开始使用自我催眠，在自我催眠的过程中，你要幻想一位让你感到兴奋的男人。你幻想他正在刺激你，让你变得越来越兴奋。然后你幻想在他进入你身体的那一刻，你就达到了性释放。

在自我催眠状态下重复几次这个性幻想。这个过程应该在你独处的时候完成，在你的性幻想中，你应该总是在他进入你的一刹那就得到性释放。

接下来，当你和伴侣在一起时，让自己进入自我催眠状态，幻想你被刺激的感觉。在你的性幻想中，那个人可以是你现实中的伴侣，也可以是其他的让你觉得兴奋的男人。现在你正在做的是，通过性幻想的刺激和真正的身体上的接触来增加你头脑中的信息单位。

这种信息单位进入头脑中所产生的超载会引起感觉从阴蒂到阴道区域的自然转移。你正在使你的感觉在身体区域上有效地扩大，并使你的阴道区域参与进来，这是达到性高潮所必需的。

为了体验有阴道参与的性释放，超载也是非常必要的。当你第一次或第二次尝试这个方法的时候，这种性释放可能不会发生。你需要和伴侣一起多用几次这种方式的自我催眠，最终你会体验到这种有阴道参与的性释放，而不仅仅是只有阴蒂参与的性巅峰。

一旦你体验到了这种性释放，下次你做爱的时候就不用把自己带入自我催眠状态了。你会在进行性幻想的同时发生性行为，就像你在自我催眠状态下所做的一样。这将会增加进入你头脑中的信息单位，并可能使得阴道再次参与性释放。如果阴道没有参与，那么下一次进行性爱时，你要把自己带入自我催眠状态，再次重复前面的性幻想。重复自我催眠这个动作，直到你再次体验到有阴道参与的性释放。

最终你会发现，你很自然地就获得了有阴道参与的性释放。这可能需要十几次或更多次尝试，不过没关系。记住，你有一种倾向性巅峰的自然趋势，而你正在扩展自己的躯体觉察，以便让阴道参与进来。这可能需要一些努力，然而这将是非常愉悦的，你最终会得到想要的结果。

每次以这种方式做爱时，你都在增加自己对性信息单位的接收能力，这会导致超载，增强释放的力量。你有权选择体验这两种性释放。你甚至可能会想要回到那种性巅峰的状态，那你停止性幻想和自我催眠就可以了。

降低你性高潮的强度

有些女人没有让性巅峰转化为性高潮以增强她们的性释放的需求，这些女人本来就拥有极为强烈的性高潮，而且通常还会有多重性高潮。然而，她们不但没有从这种强烈的高潮中获得快乐，反而发现自己被这种感觉弄得很烦恼。

举个例子，有些女人在被男人插入后会极快速地达到性释放。她们没有足够长的时间来延迟或维持性高潮从而让男人也分享到一些她们的感觉。这个性高潮紧随前戏而来，这些女人希望能够延迟自己的性高潮，以使得男人在进入后也能得到一些快感。

还有一些女人，当她们用手刺激阴蒂和阴道时，她们会释放出大量的物质。这种释放经常发生在前戏中，这对她们来说是非常自然的，但是这是一种比其他大多数女人更厚重的释放，因此可能会让她们的伴侣失去"性"趣。这是一种躯体上的明显的释放，几乎就像女人在撒尿，实际上她们并没有尿。像尿一样的物质是一种快速出现的、稍微稀薄的润滑分泌物。

　　有些治疗师认为这种过度润滑实际上是女人射精，如同男人那样。甚至有人努力尝试去找出让所有女人都能体验到这种感觉的方法。然而，实际上这只是女人对刺激产生的一种更强烈的润滑反应，是在插入之前的自然润滑过程的极端表现。这最有可能在没有经历过性释放的情绪型性特征的女人身上发生，她们最开始的几次性释放，就好像是因为过去的积累才导致了如此极端的润滑。

　　这种液体的释放就如同男人射精那样强烈，它不是尿液，而是女人释放时一种自然润滑的累积物质。所以，对于这类女人，有必要减少对她的刺激，以免她过早地受到太多的刺激。

　　如果你正在经历这种问题，进入自我催眠，然后给自己一个暗示，你将会感受到最低限度的刺激，直到你开始想着"高潮"这个词。你必须想着这个词或者在你的脑海中说出这个词，此时的刺激才会变得非常强烈，就在这一刻，你达到了性释放。

　　这个方法是为了延长并减少你的刺激感。你不但没有增强兴奋感，反而延迟了它。这需要练习，不过最终，你将能够最大限度地减少你的润滑。然后，当你对自己说出"高潮"这个关键词的时候，你就会立即得到性释放。这个方法能减少你的润滑并消除或最小化你正在经历的问题。

　　想要改善这种情况并不容易。你如果有这个问题，可能会被它困扰，并想快速地解决它。大部分男人不会介意他们的伴侣有这个问题。然而，有些女人想要快速地解决它，这可能不会有效果。她们需要一些时间，因为自我催眠要想发挥作用需要一点时间练习。

相对于那些没有遇到过这种问题的女人来说，遭遇这种问题的女人是极为苦恼的。有时候这种释放太过于强烈，以至于她们会感觉疼痛。大多数时候，这是非常令人沮丧的。例如，有一位32岁的女士来向我寻求帮助，据她估计，她大概与20个男人有过性关系。在每一段关系中，她都是在对方进入她之前就达到了性高潮。当男人触碰到她阴道区域的那一刻，她就会性释放，就会湿透。这种性释放如此强烈，让她觉得非常尴尬，所以她决定放弃性爱。

我让她进入自我催眠状态，并开始通过在她的脑海中视觉化唤起性欲和性释放的过程来最小化她的感受。她暗示自己，在性爱的每一个阶段，她都将丢掉那种强烈的激情。在她的幻想中，她最开始想到早期的性唤起，在她变得过于兴奋之前阻止自己进行性释放。然后她会幻想男人插入她的阶段，再一次阻止自己进行性释放。这在延长她的感觉的同时，也让男人变得更加舒适了。最后，她会幻想她和伴侣一样达到性释放——并不是说她试图与男人同时达到性高潮，这是一种没有任何意义且会造成困难的幻想目标。女人比男人先获得性释放总是最好的，因为男人可能无法重新勃起，而如果没有勃起，他就不能让女人满足。只有像我的患者这样练习一段时间，完全控制了性释放之后，与男人同时达到性高潮才是现实且可做到的事情。

临床性高潮

有些女人有可能制造出所谓的临床性高潮，这是那些与我们上述例子中的女人有着相反问题的女人所期望的一种体验。制造临床性高潮是一种通过利用性信息来让大脑超载以获得性高潮或性巅峰的方法。

为了达到这个目的，你要先进入自我催眠状态。你不需要触摸自己，但是你要视觉化和幻想性行为。你开始暗示自己，你感受到了性爱的感觉。你暗示自己，你的体温正在升高，你感到自己的呼吸正在变得急促，你开始感受到你的阴道区域有轻微的收缩并开始湿润，你感觉到你从腿到脚开始有些颤抖，你感到你的身体正在产生一种让你的呼吸变得越来越深的动力。当你视觉化和幻想着你正在进行的性爱时，你的身体正在做出反应，并且变得越来越温暖，越来越温暖。你可以进行任何你想要的幻想，你将会继续这个过程直到达到自然的性释放。这将会使你得到比自慰更加强烈的感觉，并且对于那些抚摸自己身体会有负罪感或觉得很脏的女性来说，这可以代替自慰。

每一个渴望加强她的性释放的女人都可以使用这个方法，这会非常舒适和自然。

如果你还有书中没写到的问题

现在你已经知道了解决性问题的方法，以后你可以使用自我催眠来解决阻止你享受美满性生活的障碍。如果你还有本书中没有写到的问题，你可以按照前面学过的那些自我催眠的步骤，根据自身的需要来调整你的暗示内容。这会让你拥有一个更加完整、更加美满的性生活，无论现在还是将来。

本章重点

1. 自我催眠实际上就是把你的注意力集中在一个事物上，将所有其他的想法排除掉，然后你就可以挖掘内在资源，去改变你的潜意识编程，克服你生活中的障碍。

2. 自我催眠中的意识觉察是一个很重要的工具，这意味着你正在开发一种严格受控的程序来修正你的潜意识。

3. 早泄的男人应该暗示自己，在插入的时候，阴茎头部会感受到一种麻木的感觉，直到向自己说出"射精"这个关键词。

4. 无法达到性释放的女人需要加强性爱的性幻想阶段，她需要用性信息单位使她的大脑超载，这样身体才会产生反应。

5. 要解决射精延迟问题，最重要的就是增强男人的躯体上的感觉，并且消除那些妨碍他尽情享受性爱的情绪问题。

6. 情绪型性特征的人可能会用疼痛来处理"被拒绝"的问题，而躯体型性特征的人则用挥之不去的、毁灭性的愤怒来应对这个问题。

7. 女性的润滑是性爱中性幻想阶段的自然结果。没有精神上的兴奋刺激，润滑就不会发生。

8. 阳痿通常不是一些重大的创伤引起的，而很可能是一系列的小事件共同影响的结果。

9. 如果你还有本书中没写到的问题，你可以按照前面学过的那些自我催眠的步骤，根据自身的需要来调整你的暗示内容。

7
如何让你的性生活变得更好

现在你已经了解了自己的性特征，并且可以通过自我催眠来修正你过去的问题，但是，无论你的性生活已经变得有多好了，你还是会想要把它变得更好。你已经学会了如何使用性幻想来提升你的性兴奋。如果你是女人的话，你也已经知道了如何让自己从性巅峰转入性高潮，或者降低你的性高潮激烈程度，如果你需要的话。不过，还有一些其他的方式能提升你和伴侣之间的愉悦感。

利用你的性特征

如果你是一个躯体型性特征的人，那么很有可能你的伴侣是你的自然对立面—— 一个情绪型性特征的人。这意味着他／她性欲唤起得比较缓慢。在前戏开始时，你的身体就已经为性爱做好了准备，但你的伴侣则需要更长的时间。

在前戏的早期阶段，躯体型性特征的人最好去激发情绪型性特征的人的性欲。与你自己不同的是，在前戏的最后阶段开始之前，并不是通过直接抚摸情绪型性特征的人的生殖器和性感带来激发其欲望，而是应该轻抚其远离性感带的区域，如其背部、颈部、腿，尽量远离阴茎／阴道。只有在你的伴侣被激发起强烈的欲望之后，你才应该接触其生殖器区域。

在性爱过程中，你的伴侣不会像你那样喜欢说话。你很有可能希望通过谈论性爱来激发性欲，很可能使用一些与性有关的粗话俚语，但你的伴侣可能认为在性爱过程中保持沉默才是让他／她最舒适的。

当你和伴侣说话时，你应该用一般性的词语来表达自己的感受，谈论你所感受到的爱和快乐，而避免使用粗俗的俚语，因为这可能使你的伴侣"关闭"性欲。

如果你是一个女人的话，你最好先得到满足，对于情绪型性特征的女人来说也是如此。男人在保证双方都能满足之前，应该让女人先达到性巅峰或性高潮。作为一个躯体型性特征的人，你的自然倾向是想要延长性行为的时间。你可能在某些时候会希望整晚都享受性爱。你的欲望通常会令你比伴侣更愿意参与到前戏和做爱中。你的伴侣可以去学习如何扩展快乐，而你可以在自己的欲望被唤起之前，通过前戏帮助你的伴侣唤起欲望。然而，在性爱结束后，你的伴侣可能更想从床上爬起来而不是抱着你。

解决方法就是计划好你们的性爱细节，那么你们在性释放后就可以抱着对方睡觉了。男人体内的化学物质会使他在做爱后很容易入睡，而且，只有情绪型性特征的男人才能在性高潮中完全释放。躯体型性特征的男人会保留一些精液，所以他在几分钟内可以再次做爱，问题是情绪型性特征的女人在性巅峰或性高潮后会想爬起来离开床。所以这个解决办法在躯体型性特征的女人和情绪型性特征的男人的组合中效果最好。

情绪型性特征的人在进行身体上的前戏的同时，还需要精神上的准备。鼓励你的躯体型性特征的伴侣先通过刺激你开始前戏，然后在做爱前再唤起他自己的性欲。同样，男人应该在他释放前把女人带到性巅峰或性高潮。

如果你的伴侣是躯体型性特征的人，他／她会被谈论性爱的话语"打开"性欲。尝试着在前戏阶段用一些粗俗的色情语句，如果你没有感到不适的话，在做爱过程中也可以用一些。通常情况下，如果你用一些让你感到轻微不适的语句来表达你自己，那么你的躯体型性特征的伴侣会感到性兴奋。说一些你感受到的性爱和你的快感，尤其是用粗俗的俚语，会增加你伴侣的愉悦刺激程度。

你要知道自己有一个性周期。有些人——通常是躯体型性特征的人，有至少 1 天的性周期，这意味着他们每一天都想享受性爱。而其他的人——通常是情绪型性特征的人，可能两三天才有一次想要做爱的强烈欲望。

情绪型性特征的女人和躯体型性特征的男人可以调整自己，互相适应对方的性周期，因为情绪型性特征的女人可以去适应每天一次的性爱频率，即使她每隔 2~3 天才会非常想做爱。躯体型性特征的女人和情绪型性特征的男人做伴侣时会比较困难，不过她也可以在他不到性周期的那天主动出击，帮助他稍微地增加性爱频率。记住，与躯体型性特征的人相比，情绪型性特征的人都会觉得少一些性爱会更为舒适，而且，应该是躯体型性特征的人做出更大的调整。这是一个小问题，但是提前了解它能帮助你避免矛盾和沮丧。

相同性特征的伴侣

如果你现在没有一个长期的性伴侣，那么你会觉得找一个有着相同性特征的或者性特征差距稍微小一点（例如，一个 75% 躯体型性特征的和一个 60% 躯体型性特征的，而不是一个 70% 躯体型性特征的和一个 70% 情绪型性特征的）的伴侣可能是最好的。这是因为你们有着相同的性爱周期和相似的性爱模式，几乎没有什么需要调整的。

如果是浪漫传奇的老少恋，两个有着相似性特征的人组合往往能够获得成功。一个年纪较大的躯体型性特征的女人嫁给一个年纪较小的躯体型性特征的男人可能会非常好。她将会喜欢他的活跃，并且，在他的年纪，他会比一个相同年纪的情绪型性特征的男人有着更强的性欲。

相反的情况也同样好。一个年纪较大的情绪型性特征的男人和一个年纪较小的情绪型性特征的女人会有一个极其愉悦的美好关系。同样的，他们可以试着把他们的性周期调整成相同的，这样就能在性生活中很容易地互相取悦。

当一个年纪较大的情绪型性特征的男人和一个年纪较小的躯体型性特征的女人在一起的时候，情况并不太好。

不可否认的是，当一对夫妇的性特征相反的时候，他们之间的化学反应是最强烈的。但是，如果你正在寻求一段关系，你也可以考虑一下有着相同性特征的人，这会给你带来最大的相容性，且你们都只需要做最小的调整。

让你的性生活变得更好

躯体型性特征的人和情绪型性特征的人的性欲是不同的。躯体型性特征的人总想要最高频率的性爱，并且时刻准备好和自己的爱人上床。但是一旦上床了，他的性爱动作往往相当简单直接，几乎没什么变化。而情绪型性特征的人可能性欲较低，但喜欢变换更多方式。情绪型性特征的人更有可能想尝试不同的性爱方式，也许还有情趣装。躯体型性特征的人可以通过这样的变化来取悦他们的情绪型性特征的伴侣，以此来增加他们的性欲。与此同时，当躯体型性特征的人对这些变化感到不舒适时，如果情绪型性特征的人能做到不强迫他们的伴侣，就能够改善他们之间的关系。

伴侣之间开放性爱的交流也是很有必要的。你所学到的自我催眠的方法能够提高你的觉察并增强你的愉悦感。和你的伴侣进行交流，分享你的欲望、你的感受和你的快乐，并且倾听你伴侣的需求和欲望，这些都能够使你们的关系变得更加牢固。你们之间的关系越好，性生活就会变得越热烈。

你能达到的最大的性乐趣来自你对自己和伴侣的性特征的理解，并围绕你们的共同需求做好计划。一个情绪型性特征的人可以使用自我催眠来增强自己的性欲并增加自己的性爱频率。你也可以为你的前戏做计划，那么你就总是可以激发起慢热的情绪型性特征的伴侣的欲望。

就像我在本章和整本书中所指出的那样，更好地理解性特征是让你的性生活更加愉悦的第一步。回到适合你的那一章再去重新阅读一下，并享受你将要体验到的巨大的变化吧。

本章重点

1. 无论你的性生活已经有多好了，你还是会想让它变得更好。

2. 在前戏的早期阶段，躯体型性特征的人最好去激发情绪型性特征的人的性欲。

3. 男人在保证双方都能满足之前，应该让女人先达到性巅峰或性高潮。

4. 情绪型性特征的人在进行身体上的前戏的同时，还需要精神上的准备。

5. 每个人都有一个性周期。躯体型性特征的人有至少1天的性周期，情绪型性特征的人可能两三天才有一次想要做爱的强烈欲望。

6. 你可能会觉得找一个有着相同性特征的或者性特征差距稍微小一点的伴侣是最好的，这是因为你们有着相同的性爱周期和相似的性爱模式。

7. 如果你正在寻求一段关系，你可以考虑一下有着相同性特征的人，这会给你带来最大的相容性，且你们都只需要做最小的调整。

8. 伴侣之间开放性爱的交流也是很必要的。和你的伴侣进行交流，分享你的欲望、你的感受和你的快乐，并且倾听你伴侣的需求和欲望，这些都能够令你们的关系变得更加牢固。

9. 你能达到的最大的性乐趣来自你对自己和伴侣的性特征的理解，并围绕你们的共同需求做好计划。

译后记
用科学催眠助千万夫妻找回"性"福

我为什么会爱上了他／她？

为什么他／她变了，变得跟我想的不一样了？

这个人这么讨厌，为什么我当初竟然眼瞎看上了他／她？

为什么我会一而再地爱上渣男／女，总让自己受伤？

我对他／她那么好，付出了全部，为什么他／她要这么对我？

问世间情为何物？直教生死相许。

爱情和两性关系是人类永恒的主题。

但是，为什么我们生活中这最重要的部分却往往成了最困难的部分？为什么那么多人在两性关系中挣扎、挫败？即使在事业上取得辉煌成就的成功者，也会在两性关系中屡屡碰壁？

无论是在文学、影视、戏剧作品中，还是在社会学、心理学、医学等领域，人们都没停止过对如何获得完美的两性关系的探索，但是，关于爱情和两性关系，人们还是充满困惑，遇到难题时不知道该如何解决。

近几年相亲节目和婚姻调解类节目很受欢迎。节目中的点评专家、助人专家用自己的知识体系来给主人公指导方向，但大都是站在"男人应该怎么样，女人应该怎么样"的普遍认知基础上讲一些"道理"。这跟我们平常帮助亲人或朋友调解夫妻关系差不多，当他们闹矛盾时，我们只能被拉去做些"谁对谁错"的评判，要"错"的一方承认错误，让"对"的一方站到道德制高点原谅"错"的一方，让他们的日子继续。

然而，"性问题"的隐私性，决定了两性关系中90%以上的"性问题"通常因为人们羞于说出口而被掩盖了起来。

我们有时候也会很好奇，明明这两个人都是非常友好和善的人，却闹得不可开交，以离婚收场。当然，我们知道，很多离婚的人在说起离婚原因时，都会说到4个字"性格不合"，而这"性格不合"的背后又掩盖了多少"性不合"呢？

而且，过去对两性的诠释，通常都建立在一套参数模型上。

比如，男人常常主动、花心、更想要性、不懂浪漫、更容易出轨等；而女人常常被动、矜持、不想要性、需要浪漫、通常是受害者等。

当两人有矛盾，旁人介入劝导调解时，都会劝男人要主动给女人说好听的话、送花、浪漫一点等。但是，真正接触这方面个案的人会发现，用男女的界定无法描述很多人在两性关系中的行为差异。太多的状况说明，男人跟男人、女人跟女人都有很大的不同。他们那么大的差异，却都只涵盖在传统认知的男人／女人一项里，显然不太准确，且造成了更大的迷惑。

幸运的是，我们读到了约翰·卡帕斯博士的《HMI专业催眠师教程》，在这本书中，约翰·卡帕斯博士提出了两个很有意思的概念：

暗示感受性——指一个人接收信息的方式，学习的方式。

性特征——指一个人的行为方式，应用自己所学的方式。

而在我们读了《催眠赋能Ⅱ：轻松改善你的性生活》这本书之后，我们知道，在两性关系和性生活方面，这两个因素也对我们产生巨大的影响。

暗示感受性决定了我们的性欲唤起方式；性特征决定了我们跟伴侣

互动和进行性行为的方式，以及面对拒绝之后采取的行为方式。

同时，我们从书中看到了约翰·卡帕斯博士的天才发现：

在两性关系中，通常只有一种行为模式被所有人认为是规范的模式，而持这种行为模式的人不到整体人群的一半。他感觉到大多数婚姻咨询师都是躯体型性特征，所以他们认为所有人都应该是躯体型的，这就是他们看到的世界，这就是他们的模型。传统的婚姻咨询师仅仅识别出了整体人群中的一小半人群，情绪型性特征的人群完全被忽视。

所以，当我们了解了躯体型性特征和情绪型性特征之后，我们可以：

第一，理解行为。

让我们跨越男女的界限，将视角聚焦在行为本身，用行为方式和性别来更精确地描述人的差异。因为大自然的"异性相吸"原理，夫妻双方多是相反的行为模式，这会造成他们的冲突，而在双方关系变得危险的时候，性特征可以帮助我们迅速理解对方的行为。

第二，预测行为。

很多时候我们被对方的行为惹怒，原因是对其本意的不理解，以及对于对方做出的反应的未知性。

然而了解了性特征，就可以看懂对方，预测对方下一步的行动。你不再觉得突兀和惊讶，从而减少双方的冲突。

第三，塑造行为。

你既然能预测对方的行为，那么就可以通过改变自己的回应方式引导和塑造对方新的行为。

当我们厘清了两性关系中的问题，就会看到我们很多行为是因为过去的成长背景，或原生家庭中的负面潜意识编程，那么我们就用自我催眠调整它，就能让我们的两性关系变得更好。

我猜您在实际应用本书中的方法时会遇到以下三大挑战：

第一大挑战是，您只阅读不实操。

这是很多人读书时都会发生的情况。

诚然，读书读书，书确实是用来读的，但读到的所有内容，只有在付诸实践的那一刻起才能产生真正的价值。

我在课堂上经常讲，"知识是一种幻觉"。

就像您买一本书，看过了，或者在听课时把幻灯片拍照了，心中可能会产生一种"获得感"，但是，这是假的，因为您的大脑并没有记住这些内容，您的身体也没有相应的体验和反应。

自我催眠更是如此，只有实操之后，您才能获得真实的体验和感受，才能真正地开启全然未知的能量之源。这才是约翰·卡帕斯博士写作此书的初衷，也是我们团队翻译出版此书的目的。

所以，请答应我，一定要实践书中的方法，实践之后遇到的所有问题我们都可以帮您解决，但是，如果不去实践，那么我就一点儿也帮不上您了。

第二大挑战是，您记不住脚本。

确实，在您读第一遍的时候，对书中的脚本肯定不够熟悉，也肯定背不下来，但这不是您停下来的理由。

事实上，不仅是您，就连很多在各个应用领域里成绩斐然的专业催眠师，在我的催眠课堂上初学催眠时，也会因为"记不住脚本"而自信心受挫，甚至怀疑自己不适合催眠师这份工作，但是，一旦通过了"背诵"这一必经的关卡之后，他们都能熟练地使用催眠这一有力工具去帮助身边的人。

所以，掌握自我催眠也需要一个熟能生巧的过程。虽然您可能并不想成为一个专业的催眠师并以此为生，但是，为了更有效地利用自我催眠这个助力工具以帮助您和伴侣在性生活中更加和谐愉悦，对于本书第5章的自我催眠技术，您需要反复阅读，至少读50遍，甚至100遍，直到将自我催眠的流程和步骤烂熟于心。因为其他各章节中的治疗性暗示也都是在第 5 章的技术的基础上所做的补充，第 5 章的内容是全书的重中之重。

我在课上常讲，"重复才是学习之母""没有谁比谁强，只有谁比谁重复的次数更多"，相信我，您在自我催眠技术上的重复学习会带给您加倍的回报，会反映在您的能力提升上面！

第三大挑战是，您需要将多场景的脚本拼成自己专有的方案套餐。

每种性问题都有不同的特点，也都有不一样的难点和突破点。您如果已经看完此书，一定会为约翰·卡帕斯博士的专业度感到震惊，因为他为您设置了很多可能遇到的场景，并给出了在那个场景下应该采取的暗示脚本。

所以，在您的性生活中出现任何问题都可以在本书中找到对应的暗示脚本，或者根据类似问题的场景推理出适合自己的脚本。

而我说的第三大挑战正是在这个时候，您或许会有"只缘身在此山中"的自我迷失感，看不清楚自己的问题；或许更会有"乱花渐欲迷人眼"的无所适从，不知道该如何选择脚本。这个时候，您可以向擅长此领域的专业催眠师寻求帮助。

如果您真的需要一名专业的催眠师来帮助您，那该怎样选择催眠师呢？

我必须承认，目前市面上的催眠师良莠不齐、鱼龙混杂，只学了一点皮毛、只会做个"人桥钢板"表演秀就自诩"大师"的人并不鲜见。

所以，为了能够真正地帮到您，让您从催眠中受益，而不是因为某个业余催眠师给您带来的不良感受而让您误解催眠、远离催眠、错过催眠带给您的更多可能性，我接下来给您提供三条选择催眠师的标准，仅供参考。

第一，他应该比您更熟练地说出本书的重点，尤其是您想要解决问题的那方面。您可以拿着本书作为考题向他提问，问他某项目中可能出现的难点和突破点是什么、如何用催眠去解决、关键暗示是什么。

第二，他应该很熟练地操作 HMI 催眠技术。您可以问他有没有读过《HMI 专业催眠师教程》，会不会里面的焦虑型催眠引导技术。您可以不读《HMI 专业催眠师教程》这本书，不知道什么是"焦虑型催眠引导技术"，但他必须能解释清楚，因为他是专业催眠师。

第三，如果他有美国催眠动机学院（HMI）颁发的证书，可能更加有可信度。美国催眠动机学院（HMI）是美国第一家国家认可的催眠大学，本书的作者约翰·卡帕斯博士是该校的创始人，所以，我们有理由相信，正式学习过 HMI 催眠课程的催眠师能更精准地理解本书的精髓，更有效地执行"性"福的催眠方案。

除了这三个标准外，对方的信誉、服务质量、收费价格等因素，也要做一个精细的考量，毕竟，在您选择的背后，除了金钱之外，机会成本也是您要付出的巨大代价。

或许在您选择一圈之后，又会萌生出一个想法：与其冒险将自己的未来交给别人，还不如自己学会，终生受用。

对，我现在做的就是带您回到原点，回到作者写书教您自我催眠的终极目的。我希望您能真正将此书的效能发挥到极致，如此我们翻译团队的劳动也将有更大的意义。

为了更有效地帮助您，我们录制了本书的读书会视频（视频可在"科学催眠传播推广中心"公众号中搜索观看），帮您消化和理解本书的核心内容，同时，我还录制了一部分暗示脚本的录音，为您的自我催眠做一个示范，同时也方便您直接聆听使用。

如果您在书中发现有不理解的地方想要讨论，可以加我的微信"KXCMBZR"直接向我咨询。

正如我们大家所知道的，《HMI 专业催眠师教程》掀起了一场科学催眠的理论革命，重新定义了催眠和催眠的工作机制，让我们了解到作者约翰·卡帕斯博士是一位有着独到见解并取得诸多成果的天才催眠师，其中躯体型 / 情绪型"暗示感受性"的概念解除了很多催眠师催眠不成功的尴尬，并给他们新的方法指导；而躯体型 / 情绪型"性特征"的概念更是给数万读者提供了新的视角来看待自己和自己的伴侣，引发了太多读者的共鸣和继续探索的兴趣。

而《催眠赋能Ⅱ：轻松改善你的性生活》的出版，不仅让我们对"性特征"有了更深层次的理解，还教授了自我催眠技术，您可以将其直接运用于生活，将自己的思想集中于当下的欢愉，移除之前困扰您的任何问题。我相信，这将掀起另外一场关于两性关系和性生活的理论革命，也将用科学催眠帮助千万夫妻找回"性"福！

孔德方

扫码关注"科学催眠
传播推广中心"公众号

美国催眠动机学院（HMI）出版的著作

随着《HMI 专业催眠师教程》的热卖，美国催眠动机学院（HMI）和约翰·卡帕斯博士的认知度越来越高，催眠行业的同行更加全面地了解到，在目前世界上最先进的现代催眠治疗理论研究的前沿战线上，除了艾瑞克森之外，还有一位比艾瑞克森小了二十多岁，却与他争论了半辈子的著名催眠大师——约翰·卡帕斯博士。

约翰·卡帕斯博士是一位非常成功的催眠治疗师，同时也是作家、白手起家的百万富翁。他依据自己 35 年来帮助他人成功挖掘潜能及提升他们潜意识的强大力量的经验，创造了很多革命性的创新概念和理论。

有些催眠治疗师或心理治疗大师在世时并不出名或生活清贫，在去世后理论被放大传播，成为神话，约翰·卡帕斯博士和他们不一样，他更像是一个用催眠改变人生的实践者和受益者，他将自己创造的潜意识重新编程的理论和技术应用于自己身上，获得了巨额的收入，取得了成功。他娶了一位好莱坞影视女星为妻，服务的客户也都是各界名流：顶级明星、著名运动员、商业巨头、政治领袖，甚至还有一位登月宇航员。

约翰·卡帕斯博士正式出版的书有 6 本。

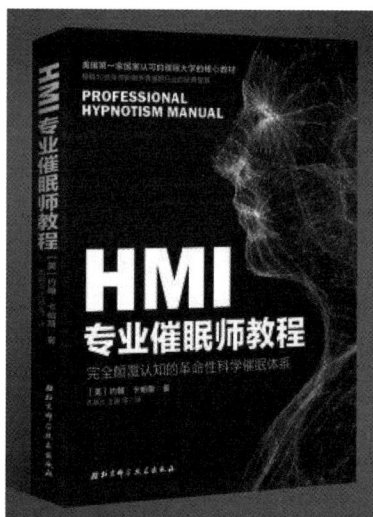

《HMI 专业催眠师教程》

约翰·卡帕斯博士的《HMI 专业催眠师教程》不仅仅是一本关于催眠的书，事实上，它是研究在潜意识行为保护伞下人类行为的综合系统。

在这本书中，约翰·卡帕斯博士提出了"信息单位及超载"催眠理论、"情绪型和躯体型暗示感受性／性特征"的革命性模式，重新定义了我们所了解的催眠和催眠的工作机制。

"情绪型和躯体型"模式提供给催眠师一个路线图，按照此路线图，催眠师可以根据客户的沟通风格和人格类型为其量身定制适合他们的催眠暗示。

所以，这本书中所包含的新概念和无数宝石般的实践智慧使这本书获得了"现代催眠经典书籍"的荣誉。

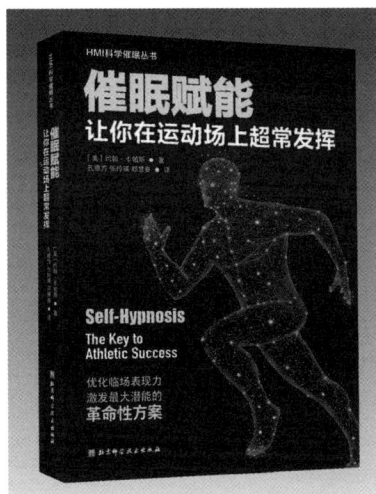

《催眠赋能：让你在运动场上超常发挥》

现在你可以提高你的运动技能，无论你是初学者、熟练的业余爱好者，还是职业运动员，因为这里有一本书可以让你成为最好的运动员——通过自我催眠！

《催眠赋能：让你在运动场上超常发挥》将教会你自我催眠的技术，这些技术能帮助你培养出职业运动员达到其巅峰表现时的信心和动力。

作者约翰·卡帕斯博士作为执业催眠治疗师，已经帮助过成千上万的顶级运动员。研究发现：提高运动技能仅靠意志力是不够的，你必须学会激发那些决定你的动力和表现的内在资源。在本书中，你将学会一个清晰且易于遵循的程序，它适用于所有的运动！

如果你是一个职业运动员，希望充分挖掘你的潜能，或者你是一个周末打高尔夫球的人，或者你是慢跑者，想提高你的成绩，或者你只是对自我催眠感兴趣，这本书都将让你接触到你从未意识到的力量和卓越的源泉！

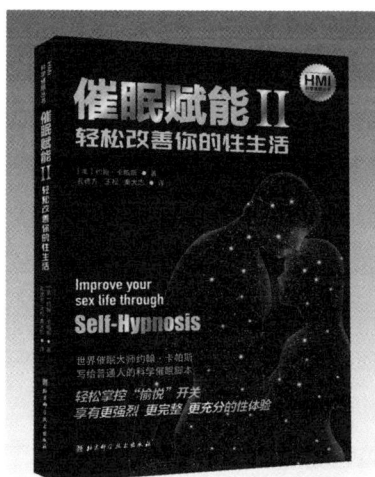

《催眠赋能Ⅱ：轻松改善你的性生活》

《催眠赋能Ⅱ：轻松改善你的性生活》用清晰简洁的语言阐明了作者已经在数千个私人治疗案例中使用过的自我催眠技术。

在本书中，约翰·卡帕斯博士告诉你如何集中思想，忘记一切，享受当下的欢乐。他呈现给你新的视角：过去的经历会造成怎样的问题，如何通过自我催眠结束（或避免）诸如早泄、阳痿、润滑困难等常见的性问题。

在书中，你可以通过完成特殊的问卷来测试你的性特征和暗示感受性。本书通过自我催眠提供了一个实用的、能够改善你性生活的、让你体验完全欢乐的有效途径。

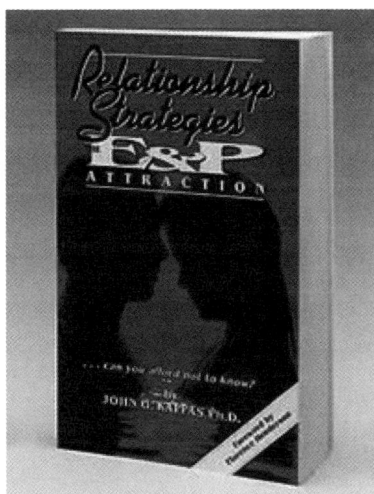

《两性关系策略：情绪型 & 躯体型性特征吸引力》

成功的两性关系是我们生活中最重要的部分。

为什么有些人在两性关系中比别人更挣扎，为什么有些人比别人更成功？或许行为科学可以回答这些问题。

30 多年来，在约翰·卡帕斯博士的领导下，美国催眠动机学院（HMI）一直在研究：我们的两性关系模式中有多少是由我们的潜意识支配的？我们在关系中的行为有多少是在童年时期被编程的？潜意识在我们选择关系的过程中扮演什么角色，为什么？

约翰·卡帕斯博士的《两性关系策略：情绪型 & 躯体型性特征吸引力》简单明了地诠释了潜意识如何支配我们选择伴侣，以及为什么我们会一次又一次地重复相同的模式。学习识别我们自己和伴侣身上的这些潜意识特质，开始启动理解、预测和塑造行为这 3 个步骤，使潜意识的强大力量能够为我们工作，而不是阻挠我们建立成功的关系。

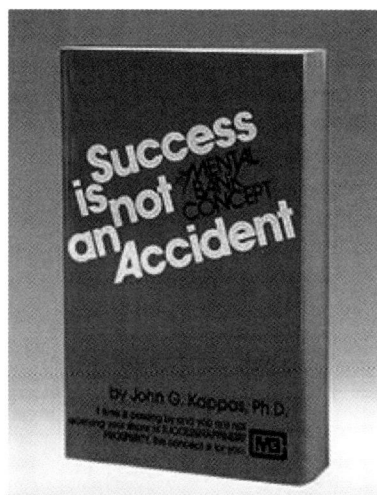

《心灵银行：每天 5 分钟，改变更轻松》

由约翰·卡帕斯博士和 HMI 团队共同研发的心灵银行系统是他们在潜意识和行为重新编程领域研究 50 余年的结晶。

《心灵银行：每天 5 分钟，改变更轻松》解释了易于遵循的心灵银行系统的 5 个协同元素，以及怎样通过每天睡前约 5 分钟的时间让心灵银行起效。

心灵银行系统将会向你展示：你的潜意识是一个目标机器，可以驱动个体实现任何编程。

心理银行系统让你成为潜意识编程者的一员，让你轻轻松松地变得成功、幸福和富足。

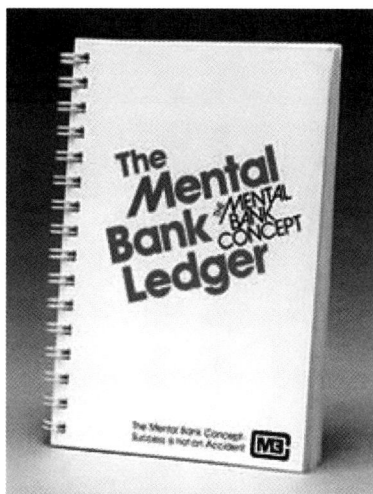

《心灵银行账本》

《心灵银行账本》是实践《心灵银行：每天 5 分钟，改变更轻松》一书中所讲理论的自我完善程序的工作手册。

《心灵银行账本》也伴随着心灵银行课程以及心灵银行系统的现场演示。

《心灵银行账本》是使用心灵银行系统的必要条件，很容易使用。

对于那些利用强大的心灵银行系统的人，《心灵银行账本》是他们夜间的伴侣、成功的拍档。

作为美国催眠动机学院（HMI）在中国唯一的授权方，孔德方团队目前已经翻译出版了《HMI 专业催眠师教程》《催眠赋能：让你在运动场上超常发挥》和《催眠赋能 II：轻松改善你的性生活》3 本书，其余 3 本书正在出版进程中，敬请期待！